Peter Matjasic

Hahnen – Böcke – Kronenhirsche

In lieber Erinnerung an meinen deutschen Großvater Karl Hammer Schuhmachermeister Bad Wildbad

ISBN 978-3-7888-1338-3

Schwalbenweg 1, 34212 Melsungen
Tel. 05661-9262-0, Fax 05661-9262-20
www.neumann-neudamm.de
info@neumann-neudamm.de

Printed in the European Community
Satz und Layout: J. Neumann-Neudamm AG
Bildnachweis: Siehe ausführlichen Bildnachweis auf Seite 264.
Titelgestaltung: J. Neumann-Neudamm AG
Druck & Verarbeitung: Druckerei Bercker, Kevelaer

PETER MATJASIC

Hahnen
Böcke
Kronenhirsche

Eine Chronik der Jagd im Nördlichen Schwarzwald

NEUMANN-NEUDAMM
Verlag für Jagd und Natur

Inhaltsverzeichnis

Danksagung

Nachstehenden Personen, die durch zur Verfügung Stellung privater Dokumente, Auskünfte und Fotos maßgeblich zur Entstehung des Buches mitgeholfen haben, gilt mein besonderer Dank:

Herrn Richard Lipowitz (†), Revierförster a.D. (Aichelberg)

Herrn Herbert Schilling, dipl. Forstwirt (Gompelscheuer)

Herrn Klaus Ehlebracht, Hotelier (Bad Wildbad)

Herrn Fritz Klink, Schlachtviehhandlung (Hofstett)

Herrn Herbert Bott (†), Hausmeister Sommerberghotel (Bad Wildbad)

Herrn Kurt Kalfass, Fahrschullehrer (Calmbach)

Herrn Michael Wieland, Jäger (Sprollenhaus)

Herrn Florian Sackmann, Bachelor of Sience (Besenfeld)

Herrn Hans Ulrich Blumenthal, Studiendirektor (Bad Wildbad)

Herrn Uli Keller, Kaufmännische Leitung Stadtwald Bad Wildbad (Sprollenhaus)

Herrn Dr. Wolfgang Schulte, Jagdschriftsteller (Bonn)

Herrn Dagobert Waidelich, Werkmeister (Calmbach)

Herrn Herbert Richter, Herbert Richter Werke (Büchenbronn)

Herrn Helmut Vollmer, Wildverarbeitung und Fischzuchtbetriebe (Neuweiler)

Frau Yvonne Gundlach, Studentin (Dietlingen)

Herrn Dr. Andreas Wiese, Geschäftsführer der Rotwildjäger im Odenwald (Eberbach)

Eine Chronik der Jagd im Nördlichen Schwarzwald

Verehrter Leser,

der Nördliche Schwarzwald ist eines der schönsten Mittelgebirge Deutschlands. Die Landschaft ist rau und schroff, ebenso das Klima. Das machte in vergangenen Zeiten das Leben der Bevölkerung, die von der Land- und Forstwirtschaft lebte, nicht gerade einfach.

War der Schwarzwald vor 200 Jahren noch lückig bewaldet, so hat sich dies heute geändert.

Die letzten 125 Jahre haben einschneidende Veränderungen mit sich gebracht, der Verursacher war der Mensch.

125 Jahre sind ein kleiner Wimpernschlag in der langen Geschichte des Nördlichen Schwarzwalds. Aber das Klima, die Landschaft, die Gesellschaft und die Wirtschaft hatten sich noch nie in so kurzen Abständen derart radikal gewandelt, wie in der letzten Dekade.

Am deutlichsten treten diese Veränderungen hervor, wenn wir sie unter dem Aspekt der Jagd betrachten. Die Wildtiere waren einst die größte Bevölkerungsgruppe im Nordschwarzwald, der Mensch hat sie heute abgelöst.

Deshalb erzählt diese Chronik auch ihre Geschichte, Geschichten von Hahnen, Böcken und Kronenhirschen.

Kutscher Fritz Klink mit dem Forstmeister von Wildbad 1910.

Arm war die Bevölkerung, Kinderarbeit, wie hier beim Brennholz lesen, war normal.

Langholzzug mit Pferdegespann.

Jagdgesellschaft um 1900.

Betrieb der Großherzoglichen Hofjagden – Hofjagd Kaltenbronn

Am Rande des Wildsees.

Die Höhenrücken im Nördlichen Schwarzwald bildeten bereits im 12. Jahrhundert die Grenze zwischen den damals herrschenden Adelshäusern von Württemberg und Baden. Auf der einen Seite des Nördlichen Schwarzwalds, der in die Rheinische Tiefebene abfällt, etablierte sich eine Seitenlinie der Herzöge von Zähringen. Hermann der II. war der erste Herzog der auf seiner Burg Hohenbaden, in der Nähe des heutigen Baden-Baden, mit dem Titel Markgraf von Baden residierte.

Während des Dreißigjährigen Krieges spaltete sich das Geschlecht in eine katholische und evangelische Linie, erst als die Linie der Markgrafen von Baden-Baden 1771 erlosch und das Erbe an Karl Friedrich von Baden-Durlach fiel, waren beide Markgrafschaften wieder vereint. Das Großherzogtum Baden entstand während der Herrschaft Napoleons am Anfang des 19. Jahrhunderts. Dem badischen Diplomaten Sigismund Freiherr von Reizenstein und seinem Verhandlungsgeschick war es zu verdanken, dass Baden durch die Napoleonische Neuordnung Europas in der Zeit von 1803 bis 1810 um das Vielfache seines einstigen Gebietes anwuchs. Anhang zu dem beträchtlichen Landgewinn, der auf Kosten vieler freier Reichsstädte und geistliche Besitztümer einherging, war der damit verbundene Anspruch auf eine der vier bestehenden Kurwürden. Mit dem Beitritt Badens zum Rheinbund und dem damit verbundenen Verlust der Kurwürde wurde es zum Großherzogtum.

Der Titel des Großherzogs steht für eine Zwischenstellung um Herzog und König, er hat also etwas von beiden Rängen und nimmt eine Sonderstellung ein. Ein Staat wie Baden hatte durch seine Besitztümer und die Wirtschaftskraft seiner Untertanen auch entsprechende Steuereinnahmen und konnte sich so einige Hofjagden, die über das ganze Land verteilt waren, leisten. Eine davon war die Hofjagd Kaltenbronn.

Die Hofjagd Kaltenbronn liegt heute auf den Gemarkungsgrenzen der Gemeinden Gernsbach und Reichental im Landkreis Rastatt. Der damalige etwa 10.000 Hektar umfassende Hofjagdbezirk liegt auf der Hochebene des nördlichen Schwarzwaldes und wird von den Tälern des Kegelbach, des Rombach, der Brotenau und der Dürreych begrenzt. Das Zentrum des Hofjagdbezirks lag auf einem 11,5 Kilometer langen Höhenrücken, der im Mittel nur 2,7 Kilometer breit ist. Der höchste Punkt ist der sogenannte „Hohloh“ auf Meter Meereshöhe, auf dem Ende des 19. Jahrhunderts ein steinerner Aussichtsturm errichtet wurde. Vom Beginn der ersten menschlichen Besiedlungen bis zum Ende des 18. Jahrhunderts war die Viehweide die Hauptnutzung. Die Jagd spielte nur eine untergeordnete Rolle, beziehungsweise konnte nur zu bestimmten Jahreszeiten betrieben werden. So bildete die dünne Besiedlung das Haupthemmnis, um große Jagden mehrmals im Jahr abzuhalten. Die Bauern aus dem Umland zum Frondienst als Treiber auf den Kaltenbronn zu bekommen, war organisatorisch auf Grund der Abgeschiedenheit nur schwer zu bewerkstelligen, das Gleiche galt natürlich auch für die Bereitstellung von Wagen und Gespannen sowie die Haltung von Pferden und Hatzhunden. Die Almwirtschaft durch Hütejungen und Hirten war die einzig rentable Betriebsform, um die Hochebenen wirtschaftlich zu nutzen.

Das Aussetzen von Birkwild am Hornsee

Kämpfende Birkhähne.

Der Hornsee ist sozusagen der kleine Bruder des Wildsees, zusammen bilden sie mit dem Hohlosee ein unberührtes Hochmoor, das sich auf 950 Höhenmetern über 2,4 Quadratkilometer erstreckt. Kleinklima und Niederschlagsmengen ähneln denen einiger Regionen Finnlands. Die Hochmoore des Wildsees und des Hornsees sind Relikte aus der Eiszeit. Sie entstanden etwa vor 12.000 Jahren. Man nennt sie deshalb Hochmoore, weil sie sich im Laufe ihrer Entstehung erheben und dadurch ihre Oberfläche eine Wölbung erhält, bevor sie schließlich verlanden.

Hochmoore sind saure und dadurch extrem nährstoffarme Lebensräume, die nur einer Flora und Fauna, die sich im Laufe der Evolution an solche lebensfeindlichen Bedingungen angepasst hat, ein Überleben ermöglicht. Hochmoore brauchen um in die Höhe wachsen zu können einen Wassereintrag durch Niederschläge. Dieser muss stetig über dem Wasserverlust durch Verdunsten und Versickern liegen. Wachsende Hochmoore teilt man in zwei Schichten ein, der obere Bereich, das „Arkotelm“, umfasst die Vegetationsschicht und den darunterliegenden Moorboden. Im Arkotelm entsteht durch Eintrag, Wachstum von Pflanzen und dem Absterben der frischen organischen Substanzen der Torfbildungshorizont. Darunter liegt der Torferhaltungshorizont, das „Katolem", dort laufen nahezu keine biologischen Prozesse mehr ab, da aber noch bodenbildende Prozesse unbeschreiblich langsam in ihm ablaufen, wird das Katolem zum geologischen Untergrund gezählt.

Es gibt nicht viele Pflanzen die mit den Umweltbedingungen eines Hochmoors überlebensfähig sind. Es gibt darunter auch Hungerkünstler und fleischfressende Pflanzen wie den Sonnentau. In größerer Anzahl kommen Wollgräser, Seggen und Binsen vor. Die größte Gruppe bilden jedoch die Torfmoose, die je nach Art die unterschiedlichen Feuchtigkeitsgrade der einzelnen Moorstellen besiedeln. In den Randbereichen die bereits verlandet sind, dominiert in der Pflanzengesellschaft der Torfmoorrasen der mit Latschenkiefern durchsetzt ist, des Weiteren siedelt dort die Besenheide, die dann von der Moorbirke und der Fichte abgelöst wird.

Das Wildseemoor mit dem kleinen Hornsee lag damals um 1900 im Zentrum der Großherzoglichen Hofjagd Kaltenbronn und gehörte zur Herrschaft des Hauses Baden.

Im Einrichtungswerk von 1854 wurden die Wildstände wie folgt vermerkt, wenige Stücke Rotwild und Rehwild und viel Auerwild bilden den Bestand der Jagd im Hofjagdbezirk Kaltenbronn. Bereits 1843 wurde der vorherrschende Anbau der Fichte in den Waldkulturen zum Ziel erklärt. Der geringe Rot- und Rehwildbestand überstand auch das Revolutionsjahr 1848 relativ unbeschadet, zwar wurde vom Großherzog der Totalabschuss von Rotwild in der ganzen Herrschaft außerhalb der Tiergärten angeordnet, und so wurden im Jahr des Erlasses auch 14 Stück erlegt, aber aufgrund der Abgeschiedenheit und der schweren Zugänglichkeit konnten einige Stücke ihre Decke vor den Nachtstellungen retten. Auf ihnen gründet sich der heutige Rotwildbestand.

Um 1870 begannen sich die Rotwildbestände außerordentlich zu erhöhen, die Klagen über Schäden in der Forst- und Landwirtschaft wurden zusehends lauter. Den Höchststand der Wildstände erreichte man um 1900, der Wildstand im Hofjagdbezirk wurde mit 15 Stück Rotwild auf 100 Hektar angegeben. Die Bejagung des Rotwildes beschränkte sich auf einige Tage während der Brunft und einige große Drückjagden.

Der Großherzog hatte mit gegattertem Hardwald vor den Toren seiner Residenz in Karlsruhe, in dem 600 Stück Rotwild und 1000

Stück Damwild die Fährten zogen, eine viel bequemere und in kurzer Zeit zu erreichende Hofjagd. Und so lag der Schwerpunkt des Interesses der Jagdausübung im Frühjahr auf der Hahnenbalz.

Kaiser Wilhelm soll einmal an einem Morgen 6 Hahnen erlegt haben, und auch Flügeladjutant Moltke kam auf einen Hahn zum Schuss.

Vielleicht durch die Nordfahrten des Kaisers oder den verwandtschaftlichen Beziehungen des Hauses Baden nach Schweden kam man auf die Idee, eine weitere Wildart auf dem Kaltenbronn heimisch zu machen, das Birkwild.

Am 23. Juni 1906 trafen sorgsam bewacht und einzeln in Kisten untergebracht mehrere Stücke Birkwild aus dem weit entfernten Schweden auf der Bahnstation in Gernsbach ein. Mit dem Pferdefuhrwerk wurden sie zu einer eigens errichteten Eingewöhnungsvoliere im Wald in der Nähe des Großherzoglichen Jagdhauses gebracht. Im Herbst wurden die Birkhühner am Hornsee in die Freiheit entlassen. Der Aussetzung war allerdings kein langfristiger Erfolg beschieden, die Vögel verteilten sich der Hauptwindrichtung Südwest folgend und wurden in den Forstämtern Enzklösterle, Wildbad und Meistern bis in Jahr 1911 mehrfach bestätigt. Aufgrund ihrer geringen Anzahl, des schwer nachzuweisenden Bruterfolges und des offensichtlichen Raubwilddrucks, verschwand das Vorkommen bis zum Jahr 1914.

Der Aussetzungsversuch schlug fehl, das Biotop war für Birkwild viel zu klein.

Fütterungsversuch mit Kakaoschalen

Die Wildfütterung, insbesondere die von Rotwild, ist bereits seit Jahrhunderten bekannt.

Der besondere Dienst der Großherzoglichen Bezirks-Hofjagdverwaltung Kaltenbronn führte bis in das Jahr 1914 das Kapitel Wildfütterung, Ankauf und Austragen des Futters fort.

Ein Schreiben des 1789 gegründeten Forst- und landwirtschaftlichen „Samen-Etablissement“ Conrad Appel aus Darmstadt gibt Einblick:

Conrad Appel, Darmstadt, den 26. August 1910

Ich glaube annehmen zu können, dass auch dorten, wie bei anderen Jagdverwaltungen, an welche ich alljährlich größere Lieferungen in Rosskastanien oder auch Eicheln zu Futterzwecken mache, ein bedeutender Bedarf hierin zu decken sein wird.
Ganz besonders kommt dieses Jahr die verregnete Heuernte und ungünstiger Ausfall derjenigen in Kartoffeln und Rüben in Betracht. Zwar hat die Ernte noch nicht begonnenen, aber ich hoffe dank

meiner guten Verbindungen doch größere Quantitäten wieder zu erhalten und erlaube mir hiermit zu offerieren:
Rosskastanien a Mark.: 7,-- per 100 Kilo
frachtfrei dortige Bahnstation bei Abnahme von mindestens 5000 Kilo geliefert, Säcke franko zurückerbeten.
Bei kleineren Bezügen wäre sich wegen der Frachtdifferenz zu benehmen.
Auf gütige Berücksichtigung bei Lieferungsvergebung rechend, bin ich werte Nachrichten erwartend und zeichne
Hochachtungsvoll
ppa. Conrad Appel

Die Firma Appel offeriert im Jahr 1911 aus einem Importgeschäft mit der Fa. Herz & Co., Hamburg ein neues Futtermittel, dem man eine wahre Wunderwirkung zuschreibt: „Kakaoschalen".

So treffen über die Bahnstation Gernsbach ein Dutzend Säcke Kakaoschalen zur Erprobung der Fütterung an Rotwild in Kaltenbronn ein. Den Säcken lag ein Begleitschreiben bei.

Fütterungsversuch mit Masttieren zur Prüfung des Futterwertes von Kakaoschalen

Kakaoschalen	gemahlen	ungemahlen
Wasser..........	7,28 %	9,00 %
Rohprotein......	14,25 %	13,56 %
Rohfett.........	3,68 %	3,16 %
Rohfaser........	21,85 %	23,20 %
Asche...........	7,92 %	6,83 %
Stickstofffreie Extratstoffe	45,02 %	43,35 %
Summa	100,00 %	100,00 %
Verdauungskoefficient für Rohprotein	37,70 %	34,60 %

Die sich nach diesen Zahlen ergebende Zusammensetzung der Nährstoffe weist Kakaoschalen einen Platz zu, welcher noch über einem mittleren Wiesenheu, aber unter den zum Vergleich heranzuziehenden Weizenschalen liegt. Die Kakaoschalen stehen demnach im Proteingehalt und der Verdaulichkeit des Proteins, dem Wiesenheu etwas näher als der Kleie, im Gehalt an stickstoffreichen Extratstoffen der Kleie, im Gehalt an Rohfaser wieder dem Wiesenheu näher.

Die Kakaoschalen sollen dem zum Teil erfolgten Ersatz von Heu und Kleie bei der Fütterung eingefügt werden.

Über die Aufnahme der Kakaoschalen

Es wurden zunächst zu Beginn des Versuches 3 kg grobe Kakaoschalen dargereicht. Die ersten beiden Vorlagen ließen die Tiere unberührt, da ihnen offenbar Geruch und Geschmack fremd waren, hierauf gingen sie aber ohne weiteren Abstand an die Aufnahme der Kakaoschalen und verzehrten nach 4 Tagen das neue Futter augenscheinlich gerne.

Die Mengen an Kakaoschalen wurden nunmehr allmählich von Tag zu Tag gesteigert bis zu einer Gesamtgabe von 10 kg.

Auch diese verhältnismäßig große Gabe ist bis auf geringe Reste glatt verzehrt worden. Eine Menge, die unsere Erwartung weit übertroffen hat und Beweis dafür ist, dass, wenn erst eine Gewöhnung eingetreten ist, bereitwillig große Mengen von Kakaoschalen aufgenommen werden.

Die sehr wichtige Frage nach den gesundheitlichen Einwirkungen erheblicher Mengen von Kakaoschalen ist nach unseren längere Zeit durchgeführten Versuchen mit aller Bestimmtheit darin zu beantworten, dass keine Störungen zu verzeichnen waren.

Gewissenhaft wurde vom Jagdpersonal die Fütterung mit den gestellten Kakaoschalen durchgeführt, und nach dem sie verfüttert waren, wurde zur Heu- und Rosskastanienfütterung zurückgekehrt.

Jagd und Wild im Laufe der Zeit

Der Nördliche Schwarzwald umfasst ein mehr oder minder geschlossenes Waldgebiet, das sich von der Goldstadt Pforzheim rechts und links markant begrenzt durch die Flüsse Murg und Enz bis hinauf zum Kniebis bei Freudenstadt hinzieht, um dann in einer Senke zum Mittleren Schwarzwald zu öffnen. Dem Rheintal zu fällt er steil über Granitbänke ab und an seiner Ostflanke geht er sanft Hügel und Tälern begrenzt ins Heckengäu über.

Die Herrschaft über den Schwarzwald teilten sich die letzten 200 Jahre das Königshaus Württemberg und der Großherzog von Baden.

So bildeten seine Höhenrücken seit den Napoleonischen Feldzügen und der damit einhergehenden Neuordnung der Europäischen Landkarte, die Grenze zwischen Württemberg und Baden.

Die Herzöge von Württemberg kamen gern zur Auerhahnbalz und „uff de Hirschhatz“ in den Schwarzwald. Die Badener Herrschaft richtete sich, wie wir bereits erfahren haben, mit dem Großherzoglichen Hofjagdrevier auf dem Kaltenbronn ein.

Förster Krause mit jüngerem Kronenhirsch um 1890.

Aber auch viele größere und kleinere Gemeinden hatten einen recht umfangreichen Wald- und Grundbesitz. Und so kam es nach dem neuen Jagdgesetz von 1855 in Württemberg zu den ersten geregelten Jagdpachtverträgen. Als Pächter finden wir die Herzöge von Württemberg die unter Führung von städtischen oder Feldschützen die Jagd ausübten.

Aber schon um 1865 tauchen insbesondere in Schwarzwald-Städtchen wie Wildbad, Gernsbach und Herrenalb Gastronomen als Pächter auf.

Die städtischen oder gemeindeeigenen Jagdbezirke, alle samt liegen sie wie Enklaven im Staatswald und Erzählen vom Königreich Württemberg, dem Großherzogtum Baden, dem Deutschen Kaiserreich, der Weimarer Republik, dem Unrechtsregime des Dritten Reiches und dem besetzten Deutschland bis ins heutige Baden-Württemberg der Bundesrepublik.

Die jagenden Gastwirte am Beginn unserer jagdlichen Zeitreise waren recht häufig anzutreffen. Nun sollte man wissen, dass zu Beginn der Industrialisierung das Reisen oder die Kuren zunehmend in Mode kamen. Die Geschäfte im Kaiserreich liefen gut und man konnte sich etwas Besonderes leisten und reiste in einen Kurort. Das Enztal mit der Stadt Wildbad und das Murgtal mit der Stadt Gernsbach hatten schon bald je einen Endbahnhof der Reisende aus weit entfernten Gegenden in den Schwarzwald brachte.

Sprechen wir heute von Tourismus, so liegen die organisierten Anfänge dessen in der damaligen Zeit.

Sommerfrischler brauchen Unterkünfte und Verpflegung und so entstand in den Schwarzwaldgemeinden wie Baden-Baden und Wildbad, die neben der guten Luft und einem Bahnhof auch heilende Thermalquellen zu bieten hatten, ein internationales Stelldichein von Adel und Kapital, manchmal auch von beidem, das entsprechend gehoben bewirtet und unterhalten werden musste. Unterhaltung bot – vor allem den männlichen Kurgästen – die Jagd.

Kurgast General Schott mit städtischem Jagdaufseher bei einer Birsch auf den roten Bock im Stadtwald von Wildbad.

Die Ausübung der Jagd durch die hiesigen Kurgäste

Durch Beschluss der bürgerlichen Kollegien vom 2. Dezember 1905 wurde die Gemeindejagd von Wildbad an Herrn W. Großmann zur Post hier als Pächter und Herrn Gustav Schmid zum Hotel Goldener Ochse als Teilhaber und Herrn O. Jüptner, Direktor des Hotel Klumpp als Stellvertreter, übertragen. Welche hierbei als Bevollmächtigte der unterzeichneten Gasthofbesitzer auf für die Dauer von 5 Jahren bis 1. Dezember 1910 zum jährlichen Pachtzins von 1000 Reichsmark verpachtet, nur in der Absicht die Begehung dieser Hochwildjagd den hiesigen Kurgästen zu ermöglichen und das Vorhandensein in die Inserate für unseren Kurgast aufnehmen zu können.

An die Verpachtung wurden seitens der bürgerlichen Kollegien folgende Bedingungen geknüpft:

Par. 1. Jedem Kurgast, der mindestens für eine ganze Woche voll Kurtaxe bezahlt hat, kann die Begehung der Jagd gestattet werden sofern er beim Stadtschultheisenamt 20 M. pro Jagdtag bezahlt.

Par. 2. Die Reihenfolge, in der die Kurgäste zur Jagd zugelassen werden, erfolgt durch eine Liste unter Vormerkung des Hoteliers, von dem der Antrag ausgegangen ist. Es wir hiermit bestimmt, dass zur gleichen Zeit nur 4 Kurgästen die Erlaubnis zur Jagdbegehung erteilt werden darf.

Par. 3. Es darf nur die Pürschjagd ausgeübt werden, alles Treiben, Drücken, Lärmen, unnötiges Betreten der Kulturen und das Mitführen von Hunden ist verboten!

Jeder Kurgast hat sich zu verpflichten, weidmännisch zu jagen, d.h. sich bei der Hirschjagd der Kugel zu bedienen und Schüsse auf Wild, bei welchen er glaubt getroffen zu haben, sofort dem Jagdaufseher anzuzeigen, damit das Wild nicht verludert und sofort eine Nachsuche aufgenommen werden kann. Selbstständige Nachsuche ist nicht gestattet. Ebenso ist das Schießen von Geweihträgern, ehe das Geweih vom Baste befreit ist, unstatthaft.

Jedes erlegte Wild ist sofort an den Jagdaufseher abzugeben. Nur Geweih, Grandel und Aufbruch fallen dem Schützen zu. Hiergegen ist an Schussgeld an die Jagdkasse zu bezahlen:

Rehbock…	20 Mark
Hirsch…	100 Mark
Auerhahn…	150 Mark

Wer diese Regeln in der heutigen Zeit liest, dem fällt die Modernität der damaligen städtischen Jagdgesetzgebung auf, Treibjagden auf Kolbenhirsche waren noch geläufig und der Postenschuss auf Schalenwild die Regel.

Wie hoch die Wildstände im zugefichteten Schwarzwald waren, lässt sich nur vermuten aber Formulierungen wie, ... *dass Fütterungen zu unterlassen seien, und auch das Verbot von Salzleckstellen die alles Hirschwild aus weitem Umkreis wie selbstverständlich anziehen,* bestätigen, dass die Schalenwildbestände immens hoch waren.

Holzhauer und Württembergischer Revierförster mit Drilling und Schweißhund um 1925.

Vor allen Dingen in der Staatsjagd gab es überquellende Wildbestände an Rot- und Rehwild, die leer geschossene Pachtjagden schnell wieder auffüllten.

Der Erste Weltkrieg unterbrach jäh die Kurgastjagd. Man wurde zu den Waffen gerufen.

Schon das zweite Kriegsjahr setzte dem Kurbetrieb heftig zu und unversehens wurde mancher Kurort zur Lazarettstadt umfunktioniert.

Das Wegbleiben der zahlungskräftigen Gäste brachte einen Wechsel der Jagdpächter. Die Gastwirte hatten keine Einnahmen mehr und so nahmen hohe Regierungsbeamte und Kriegsgewinner ihre Stelle ein.

Nach Kriegsende brachten die „Goldenen Zwanziger“ eine kurze wirtschaftliche Erholung, und ein deutsch stämmiger Amerikaner mit vielen Dollars in der Tasche wurde Pächter der Wildbader Jagd. Mit dem Börsenknall am schwarzen Freitag begannen allerdings wieder äußerst schwierige Zeiten.

Dem Landjägerstationkommando zur Kenntnisnahme und Nachforschung

Jagen in der Weimarer Republik

Es besteht Veranlassung folgende Mitteilung zu machen. Dass der verheiratete Jakob Walter Zimmermann in Wittendorf im Anfang des Mais 1923 mit einem Fuhrwägelchen aufs Feld gefahren, wobei er auf dem Wägelchen ein Gewehr liegen hatte.

Aller Wahrscheinlichkeit nach hat Walter das Wägelchen benützt, auf das die Sache nicht auffallen sollte.

Soviel bekannt worden, ist will Walter auf der hiesigen Markung Jagdaufseher werden, wozu aber sich derselbe nach diesen gemachten Mitteilungen auf keinen Fall mehr eignen dürfte.

Walter hat ausgesprochen, dass wenn einer sich trauen würde, das Fleisch von einem Rehbock auf zu heben, dann würde er einen Rehbock schießen würde. Es sind am 31. Mai abends zwei Schüsse im hiesigen Waldteil gefallen, und es besteht der Verdacht, dass etwas im Geheimen gegangen ist. Falls weiteres von mir gewünscht wird, stehe ich jederzeit zur Verfügung, zwecks Zeuge usw.

Jakob Nübel, Wittendorf

Ein klassischer Fall von Denunzierung, auch heute noch geläufig. Besagtem „Walter“ war damit der Weg verbaut, Jagdaufseher oder Jagdhüter zu werden. Der sogenannte Jagdhüter taucht in den Archiven schon früh bei den Verpachtungen der Jagd auf.

Ihm oblag wie der Name schon sagt die Jagdhut. Mal im Dienste des Oberamtes, mal im Dienste der Gemeinde, mal direkt im Dienste des Pächters, genau kann man es nicht festlegen. Meist waren es Einheimische die die Funktion eines, wir würden heute Jagdschutzbeauftragten sagen, innehatten. Sie wurden auf Antrag in den 20er Jahren vom Oberamt bestellt.

Ein Beispiel: *Durch Beschluss des Oberamts Freudenstadt vom heutigen Tage ist dem Antrag des Jagdpächter Adam Girrbach, Gutsbesitzer in Jgelsberg die Handhabung der Jagdpolizei und der polizeilichen Aufsicht über den Vogelschutz auf dessen Jagdgebiet in stets widerruflicher Weise und auf die Dauer der Jagdberechtigung des Gesuchstellers dem von diesem beauftragten Philipp Ziefle in Jgelsberg unter Absatz einer Sportel von 20,- Mark gemäß Tarif 35a allgemeines Sportelgesetze zu übertragen.*

Jagdkarte von 1927.

Unter dem Vogelschutz verstand man im Gegensatz zu heute nicht den Schutz seltener Vögel, sondern genau das Gegenteil: bewaffnet mit einer von der Gemeinde gestellten Waffe hatte der Jagdaufseher Dampf zu machen auf Elstern, Krähen, Drosseln, Amseln, Habichte, Bussarde, Weihen – kurz – auf alles was nur in die Nähe einer Schrotgarbe gelangen konnte. Die Flinten waren, wie die meisten Jagdwaffen der Jagdaufseher Dienstwaffen und somit im Besitz der Gemeinde. Ihm oblag der Schutz der Ernte und gefiederte Mitesser konnte man damals keine gebrauchen.

Für den Jagdherren hatte er nach jagdbarem Wild Ausschau zu halten. War der Pächter mit den Diensten nicht zufrieden, wurde der Jagdaufseher „gechasst“, das ist auch heute wieder nichts anderes.

Das Oberamt musste von Amts wegen informiert werden, denn Ordnung musste sein.

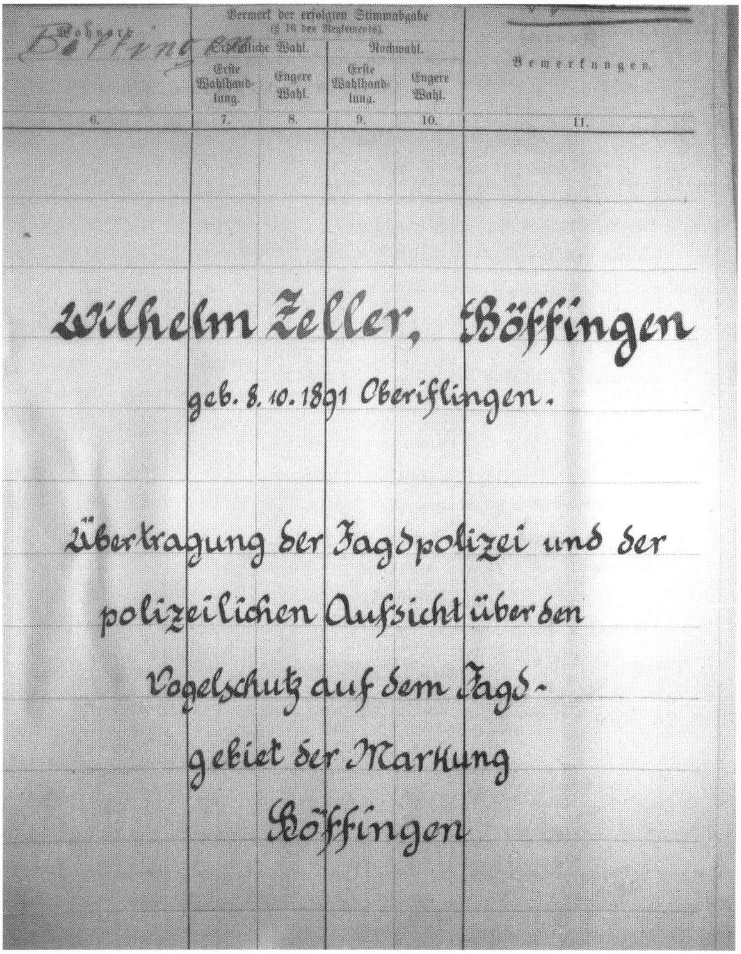

Wohnort	Vermerk der erfolgten Stimmabgabe (§ 16 des Reglements). Ordentliche Wahl. Erste Wahlhandlung.	Ordentliche Wahl. Engere Wahl.	Nachwahl. Erste Wahlhandlung.	Nachwahl. Engere Wahl.	Bemerkungen.
6.	7.	8.	9.	10.	11.
Böffingen					

Wilhelm Zeller, Böffingen
geb. 8.10.1891 Oberiflingen.
Übertragung der Jagdpolizei und der
polizeilichen Aufsicht über den
Vogelschutz auf dem Jagd-
gebiet der Markung
Böffingen

Die Entlassung des Jagdaufsehers Waidelich

Jagdpächter Buckingham ruft auf dem Oberamt in Freudenstadt an und teilt mit, Waidelich sei nicht mehr bei ihm Jagdaufseher denn, er, Böcking, haben vorheriges Jahr den Waidelich gefragt, ob und welche Böcke liefen.

Waidelich habe erklärt, es sei nichts da. Aber genau das Gegenteil sei der Fall gewesen, dann habe der Waidelich auch noch vor einiger Zeit gefragt, ob er einen Bock schießen könne. Er habe ihm geant-

wortet, er (Böcking) schieße seine Böcke selbst, Waidelich soll seine Eigenjagd ausüben. Waidelich habe auf seiner Jagd nichts mehr zu suchen.

Das Oberamt informiert darauf Jagdaufseher Waidelich, der reagiert ein bisschen verbittert:

„Die Verhältnisse sind geklärt, nun weiß ich woran ich bin. Ich werde die Böckingsche Jagd nicht mehr betreten. Das alles hätte mir Herr Böcking rechtzeitig und persönlich sagen können und sollen.

Ich werde nun die Jagd auf unserer Eigenjagd ausüben die meiner Tante gehörte. Seit fünf oder sechs Jahren hat Böcking dort die Jagd ausgeübt. Auch in diesem Jahr soll Böcking dort einen Auerhahn geschossen haben. Ein Pachtgeld war zwar vereinbart, ist aber von Böcking nicht bezahlt worden.

Diese Eigenjagd haben ich und Philipp Waidelich erworben. Ich bin darüber aufgeklärt worden, dass für die Eigenjagd eine Gebühr zu zahlen ist.“

Die Gebühr, die Jagdkarte von 60 RM, konnte von der armen Landbevölkerung oftmals nur schwer selbst aufgebracht werden und so blieb nichts anderes übrig, als die bäuerliche Eigenjagd zu verpachten.

Jagdvereine und Württembergische Forstverwaltung

Die Talwiesen in der Enklavejagd; hier jagte der Papierfabrikdirektor.

Die Weimarer Republik mit ihren Notverordnungen und einhergehendem wirtschaftlichen Chaos machte sich in allen Bereichen des gesellschaftlichen Lebens bemerkbar. Besonders die Beamten der Württembergischen Forstverwaltung hatten unter der galoppierenden Inflation zu leiden. Wie angespannt die Situation war macht ein Erlass vom 14. Februar 1929, die Hegezeit betreffend deutlich, so wurde dem staatlichen Forstamt Wildbad die Erlaubnis erteilt, in der Schonzeit 3 Stück Rotwild (ein Hirsch und zwei Schmaltiere) abzuschießen. Die Stücke dienten der Selbstversorgung. Die Not war groß und Arbeit gab es nicht. In einem Schreiben zur selbigen Zeit fordert die zuständige Gemeindeverwaltung den Baumeister Etzel auf, im Stürmleslochweg die ihm dort gehörenden fichtenen Gerüststangen endlich abzufahren, weil sie seit einem Jahr den Weg blockieren. Der Baumeister schrieb zurück, dass bei Eis und Schnee ein Abfahren nicht möglich sei und man das nahende Frühjahr abwarten müsse. Ein Durchschlag dieses Schreibens ging natürlich ans Forstamt, das wiederum antwortete, ein Abfahren wäre erst nach Bezahlung der seit 15 Monaten offenen Rechnung möglich.

Die Meisterner Jagd und der Lehenhardtswald waren seit Jahren an den Wildbader Jagdverein unter Vorsitz des Direktors der Wildbader Papierfabrik, Arnold Britzelmaier, verpachtet. Zu den Jagdbezirken gehörten auch die sogenannten Enklavejagden, Wiesenparzellen entlang des Flüsschens Enz. Meist Wässerwiesen, die der Heugewinnung dienten.

Gepflegte Wiesen mit saftigem Grün übten auch auf alles Schalenwild, insbesondere auf das, aus den Nadelhozforsten der Staatswaldungen stammende, eine starke Anziehung aus. Manch starker Rehbock wurde morgens in aller Frühe dort abgepasst bevor, er wieder zu Holze zog. Und in hellen Mondnächten wurde im Erdloch auf dem Kartoffelsack sitzend dem Rotwild der Rückwechsel abgeschnitten. Die Enklavejagden bei der sogenannten Kälbermühle wurden jede Nacht vom Wild aus dem Staatsforst angewechselt. Dies war der Forstverwaltung ein gewaltiger Dorn im Auge. So wurden die Besitzer der Wiesenparzellen ab 1932 dezent aufgefordert, das Pachtverhältnis zu kündigen und ein neues mit der Staatsforstverwaltung, sprich dem Forstamt einzugehen. Die Forstverwaltung hatte jedoch die Rechnung ohne die Grundeigentümer gemacht, die waren nicht bereit ihr Eigentum für die Jagdnutzung an den Staatsforst zu verpachten. Der Grund lag auf der Hand: ein wesentlich geringerer Pachtpreis und eine schleppende Bezahlung des Wildschadens. Auch war Direktor Britzelmaier als Chef der Papierfabrik ein gewichtiger Geschäftskunde der Forstverwaltung und so tat sich erstmal nicht viel.

Der Gemeinderat der Stadt Wildbad lehnte das Begehren der Forstverwaltung per Gemeinderatsbeschluss vom 20. Juni 1933 ab. Die Forstverwaltung, ganz um ihre Hirsche besorgt, ließ aber nicht locker und so endete die Geschichte in der Verwaltungsstreitsache „Staatsforstverwaltung Württemberg gegen Stadtgemeinde Wildbad" vor dem Gericht im Oberamt Neuenbürg.

Bereits zum Aufgang der Hirschjagd war dank der Entscheidung des Oberamtes die Forstverwaltung Pächter der Enklavejagd. Wie bereits im Jahr 1901. Damals hatte man die Pacht der Enklaven urplötzlich scheinbar ohne Grund gekündigt, dagegen steht jedoch im geheimen Protokoll wörtlich:

„Die Staatsforstverwaltung sehe sich außerstande, die hohen Wildschadenersätze zu tragen!"

Nur waren die Verträge noch nicht von allen Grundeigentümern unterschrieben und quasi auf dem Stadtschultheisenamt hängengeblieben – aber das war nur reine Formsache!

Durch den Flächenverlust machte der Jagdverein beim Verpächter eine Pachtminderung geltend, der wurde auch entsprochen, aber mit der Höhe war man nicht einverstanden. Und so wandte sich Papierfabrikdirektor Birtzelmaier schriftlich an das Bürgermeisteramt:

Mit der von dem Forstamt vorgeschlagenen Ermäßigung des Pachtpreises kann ich mich nicht einverstanden erklären.

Die Forstbehörde hat schon in den ersten Tagen des Aufgangs der Jagd auf Hirsche auf diesen Parzellen 2 Hirsche geschossen, und zwar einen Achter und einen Zehner. Die beiden Hirsche im Gesamtgewicht von mindestens 300 Pfund brachten dem Forstamt allein schon ca. 120,-- RM. Hierzu muss noch berücksichtigt werden, dass in Württemberg von der Forstdirektion für jedes Geweihende eines auf Staatsjagden geschossenen Hirsches 20,-- RM berechnet werden, und in unserem Falle muss ebenfalls dieser Satz Geltung haben, so dass allein schon 360,--RM zu berechnen wären. Diese Gesichtspunkte berücksichtigt, werden auch Sie finden, dass die von Herrn Böcking genannte Wertminderung der Jagd von 250,--RM eher zu niedrig als zu hoch gegriffen ist.

Mit deutschem Gruß, Arnold Britzelmaier

Das Bürgermeisteramt leitet natürlich diese wichtige Mitteilung eines guten Steuerzahlers und Arbeitgebers der Stadt umgehend an das Forstamt weiter. Von dort kam auch prompt eine behördendeutsche Antwort:

Württ. Forstamt Wildbad
An das Bürgermeisteramt Wildbad

Betreff: Pachtzins für Enklaven Christofhof und Kälbermühle

Zu dem Gutachten der früheren Jagdpächter möchte ich bemerken, dass die Angaben vollkommen aus der Luft gegriffen sind. Es wurde auf den Enklavejagden nicht ein einziger Hirsch bzw. überhaupt kein Stück Wild geschossen. In den Förstereien Rollwasser und

Sprollenhaus sind im ganzen 4 Hirsche angefallen und zwar je einer in Abt.1, 104 Altlochheide, 1.1.o5 Wildsee, zwei 8 Heuhütte und 41 Krummkopf, die Entfernung von diesen Abteilungen beträgt etwa 2,5 km. Zudem war das Forstamt „in den ersten Tagen des Aufgangs der Jagd auf Hirsche ja gar nicht jagdberechtigt auf den Enklaven, da die Entscheidung des Oberamts erst vom 23. August datiert. Ich habe das größte Interesse daran zu erfahren, welche „Forstbehörde" zu Anfang August auf den Enklaven 2 Hirsche einen Achter und einen Zehner geschossen hat, und wäre dem Bürgermeisteramt sehr dankbar, wenn darüber von den früheren Jagdpächtern nähere Auskunft zu erhalten wäre.

Damit entfallen auch selbstverständlich die im Gutachten enthaltenen Wertberechnungen. Genauso unverständlich, wie die Sache mit den beiden Hirschen, ist mir allerdings die Angabe der Herren Gutachter, die Forstdirektion berechnen das Geweihende eines Hirsches mit 20,--RM. Tatsächlich beträgt der Forstpreis für Geweih und Grannen zusammen beim Sechser und Achter 20,--RM, beim Zehner 30,--RM, d.h., wenn man diesen Betrag schon pro Ende umrechnen will, etwa 3,--RM.

Württ. Forstamt Wildbad

Ein jedes Geweihende wird für sich berechnet!

Still und heimlich wird der Herr Britzelmaier seine nicht gerade kleine Faust geballt haben. Da war halt nichts zu machen.

Ein Augenzeuge, der das jagdliche Treiben auf den Enklavejagden beobachten konnte, erinnert sich:

„D'Hirsch hot de Förschter gschosse, sellem (dem Förster) hot des doch garnet passt, was selle (die Pächter) do driebe henn. Der hot emmer rumbrutelt, dass selle ehm sein Hirsch aknalle (abschießen). Der hot aber selber koin Werd (der Förster tauge auch nichts).“

Herr Förster hatte schon lange nach den Enklavejagden geschielt, er könne es keinesfalls zulassen, dass ihm jedes Jahr die Feisthirsche vor Nase weggeschossen werden. Auch der Forstmeister wusste das, und ob die gemachten Ortsangaben der erlegten Hirsche stimmen, steht auch heute noch in den Sternen.

Albino Rehbock im württembergischen Forstamt Wildbad erlegt.

Die Jagd im Dritten Reich – Unmögliches wird möglich

Reichsstatthalter Wilhelm Murr mit Forstbeamten und kapitalen Rothirsch.

Nach der Machtergreifung waren die Nationalsozialisten nicht sofort so sattelfest, wie man es heute im Rückblick glauben mag. Das galt im hohen Maße für Württemberg.

Die NSDAP war 1923 nach dem gescheiterten Putsch von München in ganz Deutschland verboten worden, aber schon 1925 wurde die Partei neu gegründet, an ihrer Spitze stand in Württemberg Eugen Munder. Bei einem Besuch Hitlers in Stuttgart am 14. Juni 1927 schloss sich die Nationalsozialistische Freiheitsbewegung unter Christian Mergenthaler der NSDAP an. Der politische Einfluss der NSDAP blieb jedoch in Württemberg äußerst gering.

Am 1. Februar 1928 übernahm Wilhelm Murr von Eugen Munder das Amt des Gauleiters für Württemberg Hohenzollern. Wilhelm Murr wurde 1888 in Esslingen geboren, seine Eltern stammen aus dem Arbeiter Milieu. Bereits mit 14 ½ Jahren verlor er Vater und Mutter. Nach Ableistung des Militärdienstes 1910 trat er als kaufmännischer Angestellter in die Dienste einer Esslinger Maschinenfabrik, bei Ausbruch wurde er eingezogen und wurde während des Krieges bis zum Vizefeldwebel befördert, das Kriegsende erlebte er verletzt im Cottbusser Lazarett.

Murr hatte sich bereits während des 1. Weltkrieges rechts konservativen und judenfeindlichen Strömungen angeschlossen, im Juli 1923 trat er in die NSDAP ein. Nach deren Verbot und späteren Neugründung war Murr sozusagen ein Mann der ersten Stunde in Württemberg, dieser Faktor und sein bedingungsloser Gehorsam gegenüber Adolf Hitler sollten ihn an die oberste Spitze der Macht in Württemberg bringen.

Bis dahin war es aber zunächst noch ein weiter Weg. Murr wurde in kürzester Zeit Esslinger NSDAP Ortsgruppenleiter und bediente sich rücksichtsloser und geradezu brutaler Methoden, auch gegenüber Parteigenossen, um seine Parteikarriere voran zu treiben. Durch einen gut vorbereiteten Komplott im Februar 1928 konnte er den NSDAP Gauleiter Munder aus dem Amt drängen, die Ernennung zum Gauleiter von Württemberg erfolgte dann durch Hitler persönlich. Die NSDAP hatte aber nach wie vor Probleme genügend Wählerstimmen zu gewinnen, der Bauernbund der in Württemberg als selbstständige Partei auftrat, hatte einen großen Zuspruch in der Bevölkerung Württembergs, die sich zur damaligen Zeit aus der großen Mehrheit einer Arbeiter- und Mittelschicht von Kaufleuten, Handwerkern und Bauern vom Land mit evangelisch-pietistischer Lebenseinstellung rekrutierte. Erst mit dem Einsetzen der Weltwirtschaftskrise 1929 konnte die NSDAP aus der Bedeutungslosigkeit aufsteigen.

Bei der Reichstagswahl 1930 errang sie einen Stimmenanteil von 18,3 % und Wilhelm Murr konnte als Abgeordneter für Württemberg in den Reichstag einziehen. Im gleichen Jahr kündigte Murr seine Arbeit bei der Maschinenfabrik in Esslingen und wurde Berufspolitiker. Anfang 1931 gründete er das Propagandablatt, den NS-Kurier, in dem er selbst unablässig und geradezu „Gebetsmühlenartig" bis 1945 die Marschrichtung der Partei verbreitete. Die Machtergreifung der NSDAP in Deutschland stellte auch für Wilhelm Murr die Weichen. Am 15. März 1933 wählte ihn der Württembergische Landtag zum Staatspräsidenten, sofort übernahm er auch das Innen- und Wirtschaftsministerium. Damit der Machtfülle nicht genug, am 6. Mai wurde er von Hitler zum Reichstatthalter in Württemberg ernannt. Alle demokratischen Kräfte wurden binnen kurzer Zeit außer Gefecht gesetzt und abgeschafft.

Doch mit der zunehmenden Ausschaltung der politischen Gegner und der zugleich für die Bevölkerung unmittelbar spürbaren wirtschaftlichen Verbesserungen, vor allen Dingen im täglichen Leben, stieg die Zahl der Parteieintritte sprunghaft. Auch in der Jagd veränderte sich die Landschaft. Die Allmacht der Partei war nun überall präsent. Mit dem Reichsjägermeister an der Spitze wurde die Jagd gleichgeschaltet. Die Forstverwaltung wurde zu einer paramilitärischen, dem Regime dienenden Organisation. Die Annehmlichkeiten die Staatsjagdreviere wie die Rominter Heide oder der Elchwald Reichsjägermeister Göring zu bieten hatten, blieben den Politgrößen in Württemberg keinesfalls verborgen und so versuchte man das eigene jagdliche Vergnügen mit Hilfe des Staates sprich Forstverwaltung im hellsten Licht erstrahlen zu lassen.

Ein Beispiel hierfür ist die Wildbader Sommerbergjagd, die dem Reichsstatthalter von Württemberg, Wilhelm Murr in die Hände fiel. Und was dem Reichsjägermeister in der Schorfheide recht war, sollte auch dem Reichsstatthalter im Kleinen angenehm genügen. Ein paralleler kleiner Mikrokosmos der Jagd, eigentlich undenkbar, wurde möglich.

Der Hotelier des Sommerberghotels, Karl Bätzner, war zu Beginn der 30er Jahre Pächter des zur damaligen Zeit etwa 640 ha großen Jagdbezirks Sommerberg, aufgrund jagender Kurgäste wie zu Anfang des Buches beschrieben, gab die Gemeinde ihm den Zuschlag.

Doch liefen die Geschäfte Anfang der 30er Jahre sehr schleppend, der Kurbetrieb kam nicht richtig in Schwung und so kündigte Bätzner die Jagd zum 15. Oktober 1934 mit dem Hinweis auf die ihm zu hoch erscheinende Pachtsumme.

Das Bürgermeisteramt kam ihm jedoch entgegen, stundete die Pachtsumme. Bätzner war damit einverstanden und bot von sich aus an „wenn die Geschäfte besser liefen" einer Pachterhöhung zuzustimmen. Aber bereits im Januar 1935 kündigte er die Jagd wieder, mit der Begründung, dass der Jagdaufseher (Anm.: als Hilfsbeamter der Staatsanwaltschaft) zukünftig von der Gemeinde bestimmt werde, aber der Jagdpächter ihn zu bezahlen habe.

Bei dieser Anordnung sei die Pacht viel zu hoch. Die Kündigung der Jagd erfolge auf den 1. April 1935. Im Gegensatz zu den Jagdhütern in den 20er Jahren hatte das Reichsjagdgesetz bestimmt, dass Jagdaufseher im staatlichen Verwaltungsdienst die Berufsjägerprüfung abzulegen hatten. Ein geprüfter Jagdaufseher kostete allerdings einiges mehr, er war monatlich zu bezahlen und so verteuerte sich die Jagdpacht entscheidend.

Der Jagdaufseher hatte in einer Hochwildjagd mit Rotwild und Auerhahnen einiges zu tun, man bekam auch damals schon nichts geschenkt, der Dienst war sehr zeitintensiv und anstrengend. Der

Der Jagdaufseher kam auch bei den Abschüssen selten zu kurz.

Bau von Jagdeinrichtungen, Fütterungen und oft auch der Bau und die Kontrolle und Instandhaltung von Wildschutzzäunen war seine Pflicht – dazu kam noch der Abschuss von Raubwild und weiblichem Rehwild und Kahlwild.

Der Jagdaufseher kannte das zu betreuende Revier wie seine Westentasche, hielt ständigen Kontakt mit Pächter, Gemeinde und Forstverwaltung. Er war die Ansprechperson vor Ort und war meist länger im Dienst als der Pächter die Jagd innehatte.

Der Sultan von Wildbad

Einer dieser Jagdaufseher der im NS-Staat eine bemerkenswerte Karriere machte, war der am 20. März 1903 in Wildbad, Oberamt Neuenbürg, geborene Hermann Ernst Rometsch.

Reviere mit Rotwild als Standwild waren begehrt im 1000 jährigen Reich.

Sein Vater war schon städtischer Jagdhüter gewesen. Unter anderem betreute er die Sommerbergjagd für Karl Bätzner und so kam Rometsch schon früh mit der Jagd, dem Schießen und dem Wild in Kontakt. Das Sommerberg Hotel hatte damals einen internationalen Ruf, Bad Wildbad war bekannt bei Kaisern und Königen.

Sein Rufname war der „Sultan“.

Der 1. Weltkrieg war verloren, die Soldaten der Reichswehr kehrten desillusioniert nach Württemberg heim und brachten den 98er samt Munition gleich mit, um ihn in irgendeiner Scheune unter dem Bretterboden zu verstecken. Der Wilderei war so der Boden bereitet und die wirtschaftliche Not des Nachkriegselends ließ zur Tat schreiten.

Im Alter von 22 Jahren am 14.7.1925, wurde Rometsch wegen Nötigung eines Forstbeamten zu einer Strafe von 100 RM oder 20 Tagen Gefängnis verurteilt. Darauf verließ er seine Heimatgemeinde. Am 17.9.1926 wurde er erneut straffällig, das Amtsgericht Krefeld verurteilte ihn wegen verbotenen Waffenbesitzes. Am 25.8.1927 kam es durch das Amtsgericht Magdeburg zur erneuten Verurteilung zu 50,- RM wegen Unterschlagung. Im Jahr 1928 kehrte er in seine Gemeinde Wildbad zurück aber schon am 7. Januar wurde er wegen Körperverletzung vom Amtsgericht in Neuenbürg wieder verurteilt.

In der Zwischenzeit hatte sich Rometsch der NSDAP angeschlossen und dort gab es wie für viele seiner Zeitgenossen einiges zu tun. Am 21.3.1930 wurde er vom Amtsgericht in Neuenbürg wegen Hehlerei, Widerstand und verbotenem Waffenbesitz und aufgrund seiner Vorstrafen zu 7 Wochen Gefängnis verurteilt. Zwar wurde die Strafe auf 3 Jahre Bewährung ausgesetzt, gegen welche er aber aufgrund seiner politischen und jagdlichen Aktivitäten ohne Jägerprüfung und Jagdkarte laufend verstieß. Und so musste er wegen 5-facher Beamtenbeleidigung, Nötigung, Sachbeschädigung und Diebstahl von Walderzeugnissen ab dem 6.11.1933 im Gefängnis einsitzen. Durch die Amnestie am 7.8.1934, einen Tag nach dem Tod des Reichstagspräsidenten Hindenburg, wurden Rometsch die Strafen erlassen. Als Parteimitglied wurde er nun endlich „legal“ Jagdaufseher auf der Sommerbergjagd und konnte mit dem selbst verliehenen Titel **„REVIERJÄGER ROMETSCH“** aktiv werden.

Bereits am 24. April, mitten in der Hahnenbalz, kommt eine Anfrage der Bergbahnverwaltung an das Bürgermeisteramt, den Jagdaufseher Rometsch betreffend:

Hilfsschaffner Bausert meldet mir heute früh, dass Jagdaufseher Rometsch von hier am Samstag, den 20. ds. Mts. nachmittags 1 Uhr 15 Minuten vor Abfahrt des Bergbahnwagens noch mit einem Jagdhund daher kam und als Bausert von ihm den Fahrausweis für den Hund forderte, habe Rometsch erklärt, dass er keinen brauche, da er die Berechtigung zur Freifahrt für zwei Hund habe. In der Annahme, dass die Angabe auf Wahrheit beruht, hat daraufhin Hilfsschaffner Bausert Rometsch unbeanstandet mit Hund, ohne Hundekarte, fahren lassen. Da der Vorgenannte tatsächlich nicht im Besitze einer Hundefahrkarte ist, teile ich diesen Vorfall hierdurch dem Bürgermeister mit.

Kurz darauf erneut eine Eingabe an das Bürgermeisteramt:

Rometsch beantragte heute Freifahrt für seinen Jagdhund mit der Begründung, er habe bisher schon Freifahrt für seinen zur Jagdaufsicht verwendeten Hund gehabt. Die Rückfrage bei der Bergbahn ergab, dass letzteres nicht stimmt. Rometsch habe allerdings schon öfter versucht, von der Bezahlung frei zu kommen, indem er erklärte, das mache doch nichts aus, ob der Hund mitkomme oder nicht.

Einen Tag später antwortet die städtische Bergbahnverwaltung:

Ernst Rometsch hat noch nie eine Freifahrtberechtigung für seinen Hund gehabt. Nicht nur einmal hat er deswegen, wenn er seinen Hund mitnahm, für diesen eine Fahrkarte gelöst. Um weitere Auseinandersetzungen mit Rometsch zu vermeiden, bitte ich diesem einen entsprechenden vorläufigen, am besten befristeten Ausweis, den er beim Betreten der Sperre vorzuweisen hat, auszuhändigen. Der Übersicht wegen bitte ich mir hiervon Kenntnis geben zu wollen. 25.4.1935 Städtische Bergbahnverwaltung.

Die guten Beziehungen Rometschs zum Kreisleiter und noch höher hatten eine kleine Rechtsbeugung möglich gemacht. Dass da was am Köcheln war, bemerkte auch Karl Bätzner, und um nicht in eine geschäftsschädigende Sache mit der Partei zu kommen, hatte er vorausschauend die Pacht gekündigt.

Das Bürgermeisteramt bemühte sich nun um einen neuen Pächter und zwar nicht nur für den Sommerberg, sondern auch für die vakant werdenden Bezirke Meistern und Wanne. Das Bürgermeisteramt versuchte sich in der Tradition, auswärtigen gut betuchten Unternehmern die Jagden schmackhaft zu machen, um den größtmöglichen Zins daraus zu ziehen. Ein Karlsruher Dentist mit einträglicher Praxis und ein Pforzheimer Schmuckwarenfabrikant waren die vom Bürgermeisteramt auserkorenen Kandidaten.

Der Karlsruher Dentist sagte bereits am 18.5.1935 ab. Aus Gründen, die er bereits „fernmündlich mitgeteilt" habe. Genaueres lässt sich nicht aus den Akten in Erfahrung bringen, doch ein Zeitzeuge erinnerte sich, dass der staatlich geprüfte Dentist Karl Schofer bei einer Revierbesichtigung mit dem Sultan alias Revierjäger Rometsch

Der Hotelier karl Bätzner am gestreckten Hirsch.

zusammentraf. Was da besprochen worden ist, bleibt unklar, aber bereits einige Tage später zog er seine Bewerbung schriftlich zurück.

Nun bemühte sich der Bürgermeister um den Pforzheimer Schmuckwarenfabrikanten Eugen Speidel, wohnhaft in der Friedenstr. 28 in Pforzheim, einem eleganten und sehr vornehmen Viertel der Goldstadt. Der Bürgermeister tat so, als hätte der Wildbader Hotelier Bätzner, Vorpächter der Sommerbergjagd, nach wie vor Interesse und Speidel könne nur über einen „entsprechenden" Pachtpreis die Sache für sich entscheiden.

Der sah die Sache unternehmerisch gelassen und schrieb an das Bürgermeisteramt:

Ich habe leider übersehen wegen §8 bezüglich Wildzäunen in meinem Schreiben von gestern Stellung zu nehmen, worin Sie sich die Aufstellung von Wildzäunen in beliebigen Umfange vorbehalten. Dagegen muss ich Stellung nehmen, denn Sie könnten ja die Aufstellung von Wildzäunen im beliebigen Umfange derartig ausdehnen, dass das Wild im Wildpark eingesperrt wird. Der Wildstand auf Ihrer Jagd ist kein übertriebener, dass man zu der Art drastischen Mitteln greift, z. B. in Loffenau (Anm. Rotwildjagd im Badischen) war nicht ein einziges Stück Wald eingezäunt und der

Wildstand dort ist meines Erachtens doppelt so groß als in Ihrer Jagd. Das geht aus folgenden Zahlen hervor:

Männliches Rotwild, Abschuss in Loffenau, 4 Stück
in Wildbad, 3 Stück
Rehböcke in Loffenau, 20 Stück
in Wildbad, 6 Stück
Auerhahnen in Loffenau 5 Stück
in Wildbad, 2 Stück

Sie sehen ja, wenn die Wildbader Jagd auch kleiner ist als in Loffenau, so ist das Verhältnis in Loffenau günstiger. Wenn Sie eine kleine Kultur einzäunen, die vom Rot- und Rehwild sehr beliebt ist, so will ich dagegen nichts sagen, aber ich kann als Pächter nicht zugeben, dass Sie den Wald ganz nach Belieben einzäunen, vor allen Dingen darf der Waldrand nicht eingezäunt werden, damit das Wild freie Bahn hat und nicht zu meinem Schaden andere gastlichere Gegenden aufsucht.

Starker Tobak für den Bürgermeister und taktisch sehr klug von Fabrikant Speidel.

Zu den Wildzäunen muss gesagt werden, dass sie wie in allen zu stark besetzten Hochwildrevieren das letzte Mittel waren, um die Wildscharen von den Feldern und Wiesen der Bauern fernzuhalten.

Starker Schwarzwaldbock.

Nachdem in einigen Verhandlungen derweil vom Bürgermeisteramt immer wieder Hotelier Bätzner ins Spiel gebracht wurde, erklärte sich Fabrikant Speidel nun mehr bereit für 500 RM die Jagd zu pachten. Natürlich nur, weil er dem Bürgermeister „einen Gefallen" habe machen wollen, und er weist darauf hin, dass der Sommerberg doch mit Kurgästen geradezu überschwemmt werde, wodurch das Rotwild als Standwild stets beunruhigt wird. Am 19. Juli 1935 tritt das Bürgermeisteramt an Pächter Speidel heran, der immer noch auf dem Oberamt Neuenbürg vom Kreisjägermeister zu genehmigten Jagdpachtvertrag wartet, mit einer zunächst recht harmlos erscheinenden Bitte:

Sehr geehrter Herr Speidel!

Zurzeit weilt der Reichsarbeitsführer, Herr Staatssekretär Hierl, hier zu Kur. Er ist Jäger und würde sehr gern während seines hier seins einen Bock schießen. Ich gestatte mir die erg. Anfrage, ob Sie bereit sind, ihm den Abschuss freizugeben.
Ich wäre Ihnen sehr dankbar dafür und würde Ihnen gern dafür einen Gegendienst leisten.

Heil Hitler!

Konstantin Hierl war wie Wilhelm Murr ein früherer Wegbegleiters Adolf Hitlers. Während des Ersten Weltkrieges war er Generalstabschef des 1. bayrischen Reservekorps, sowie Bataillonskomandant des 23. bayerischen Infanterieregiments gewesen. Nach dem verlorenen Weltkrieg schlug er als Kommandant eines Freikorps den Spartakus-Aufstand nieder. Bereits 1920 lernte er Adolf Hitler kennen. Relativ spät, erst 1929 trat er in die NSDAP ein. Hier nahm er aber aufgrund seines Organisationstalentes führende Aufgaben in der Planung ein. Besonders die Freundschaft mit dem Nazi-Ideologen Georg Strasser ermöglichte ihm, in das unmittelbare Umfeld Hitlers zu gelangen. Als jedoch Strasser in Schwierigkeiten mit Hitler geriet, war Hierl gescheit genug, sich loyal gegenüber Hitler zu verhalten. Strasser, der 1934 noch das Goldene Parteiabzeichen verliehen bekam, wurde während des Röhm-Putsches durch Genickschüsse einer SS-Sondereinheit exekutiert. Konstantin Hierl, dessen jüngerer Bruder der Weihbischof von Würzburg war, überstand diese kritische Phase, den sogenannten Reinigungsprozess der Partei völlig unbeschadet. Aufgrund seiner Tätigkeit im Reichsarbeitsministerium und der Loyalität dem Führer gegenüber, wurde er am 26. Juni 1935 zum Reichsarbeitsführer ernannt. Genau 14 Tage später folgte er einer Einladung des Reichsstatthalters von Württemberg, und hielt sich der Annehmlichkeiten wegen im Wildbad auf. Kein Wunder, dass der Bürgermeister auf Druck des Kreisleiters aktiv werden musste, um einem so prominenten Gast jeden Wunsch zu erfüllen.

Antwort am 26.7.1935

Sehr geehrter Herr Bürgermeister!

Ich freue mich dass ich Ihnen wegen Herrn Hierl gefällig sein kann und habe Herrn Rometsch angewiesen, wegen Abschuss eines Bocks durch Herrn Hierl, sich mit Ihnen und Herrn Hierl in Verbindung setzen.

Das Geweih des Bockes den Herr Hierl schießt, gehört selbstverständlich dem Jagdgast, das Wildbret stelle ich Ihnen kostenlos zur Verfügung und möchte Sie bitten, dass Sie mit dem Gemeinderat zusammen auf meine Kosten einen gemütlichen Abend veranstalten.

Mit vorzüglicher Hochachtung

Speidel vermied in allen Schreiben mit dem Bürgermeisteramt stets den deutschen Gruß.

Sehr geehrte Herr Speidel!

Für Ihr Schreiben vom 26.7.1935, in welchem Sie mir mitteilen, dass Sie dem Herrn Reichsarbeitsführer Hierl einen Bock zum Abschuss freigeben, danke ich Ihnen bestens. Herr Hierl hat den Bock gestern Abend erlegt. Er hat sich über ihre Freundlichkeit sehr gefreut. Ich danke Ihnen auch sehr für die Einladung, einen gemütlichen Abend für die Mitglieder des Gemeinderats zu verwenden, ich weiß, dass Sie diese Einladung in durchaus wohlmeinender Absicht getan haben, ich muss sie aber mit Dank ablehnen, da man in solchen Angelegenheiten zu leicht Missdeutungen ausgesetzt ist.

Zum Dank für Ihr Entgegenkommen in der Freigabe des Bockes für Herrn Reichsarbeitsführer Hierl habe ich dem Jagdaufseher eine Freikarte (mit Jagdhund) für die Bergbahn für ein Jahr ausgestellt.

Heil Hitler!

Anmerkung.
Das Wildbret habe ich dem Widbrethändler Blumenthal hier überwiesen und werde den Erlös der NS Volkswohlfahrt übergeben, sofern Sie mir nicht etwas anderes mitteilen.

Dem Bürgermeister war klar, wer den Reichsarbeitsführer auf die Jagdmöglichkeit im Stadtwald aufmerksam gemacht hatte, und so dachte er wohl er hätte 2 Fliegen mit einer Klappe geschlagen in dem er dem langsam unbequem werdenden Rometsch eine Freifahrkarte spendierte. Aber schon in der nächsten Hirschbrunft ziehen dunkle braune Wolken über den städtischen Jagdbezirken auf.

Und so schreibt Pächter Speidel dem Bürgermeister:

Ich bin verschiedentlich tagelang draußen gewesen, habe sehr wenig Anblick gehabt, und das ganze Resultat war ein Bock. Rotwild habe ich nur ein Stück gesehen. Die Jagd ist sehr ausgeschossen, was sehr schade ist, weil der Nachwuchs Jahre braucht.

Mit dem Ende des Jagdjahres gab Speidel die Jagd auf.

Die Gründe warum sich der Fabrikant einer der bedeutendsten Schmuckwarenfabrikanten Deutschlands zur damaligen Zeit von der Jagd getrennt hat, bleiben im Dunkel der Geschichte. Zeitzeugen berichten von einem gespannten Verhältnis zwischen Speidel und Rometsch, offenbar war Speidel nicht genügend nationalsozialistisch eingestellt, die Vermeidung des „Deutschen Grußes“ lässt darauf schließen.

Und so finden wir bereits im Frühjahr 1936 Fritz Kiehn als neuen Pächter.

Fritz Kiehn war ein Unternehmer aus der Mundharmonika-Stadt Trossingen, gründete mit bescheidenen Mitteln eine Firma, die Millionen von Nikotin-Abhängigen zum meist florierenden Unternehmen seiner Zeit machte, einer Fabrik für Zigarettenpapier, die EFKA Werke.

Fritz Kiehn hatte als Unternehmer frühzeitig erkannt, welche Geschäftsmöglichkeiten die Nazi-Diktatur bot. Bereits 1933 wehte das Hakenkreuzbanner über seinen Werken und er leistete den braunen Parteigenossen als Unternehmer finanzielle Schützenhilfe, so wurde er recht bald Ortsgruppenleiter in Trossingen, dann Kreisleiter und bestimmte über die ganze Stadt. Durch seinen Eintritt in die SS wurde er Handelskammerpräsident und SS-Sturmbandführer. Handelskammerpräsident war der off. Titel im Gau Württemberg.

Im Dunstkreis der SS wuchs sein Unternehmen unaufhörlich, zuerst durch die Arisierung jüdischer Unternehmen, dann bei Ausbruch des Krieges durch Expansion mit Filialen in den besetzten Gebieten, des Weiteren mit der Übernahme einer Fabrik im besetzten Polen, so war auch während des Russland Feldzuges die Versorgung des Landsers mit Zigarettenpapier gesichert. Zwar wurde Kiehn auf Grund seiner Verdienste für Nazi-Deutschland bei Ende des Krieges von der Amerikanischen Besetzungsmacht für 4 Jahre ins Gefängnis gesteckt, das hielt ihn aber nicht davon ab, nach dem durchlaufenen Entnanzifizierungs-Verfahren, seine Fabrik mit einem Millionenkredit genehmigt durch Ministerpräsident Gebhard Müller, den wir noch im Kapitel über Walter Frevert kennen lernen, wieder aufzubauen. Auch in die Politik, diesmal in einer parlamentarischen Demokratie, kehrte er zurück, bereits 1955 erhielt er die 1945 aberkannte Ehrenbürgerschaft wieder. Der Zweck heiligt eben die Mittel.

Zuerst aber plante Fritz Kiehn im Zuge Nationalsozialistischer Größe nicht nur eine Jagd zu pachten, sondern gleich eine größere „Hochwildjagd aufzubauen". Das Zauberwort dazu hieß Jagdflächentausch. Flächen sollten mit der Regiejagd, d.h. dem Württembergischen Forstamt Meistern, das auch den Stadtwald beförsterte, getauscht werden, um einen größeren der Rotwildjagd dienlichen Eigenjagdbezirk zu schaffen.

Das Forstamt hatte jedoch eigene Pläne. Nach dem Köpferollen im ganzen Reich war nun das Forstamt Meistern mit einem der Partei genehmen Forstmeister besetzt worden.

Und so heißt es in einem Schreiben des Bürgermeisteramts an den Kreisleiter Wurster in Calw:

(...) Die Stadt würde schon 1935 anderweitig gehandelt haben (...)
(...) wenn in der Person des damaligen Forstmeisters die Voraussetzung für eine richtige Betreuung des städtischen Waldbesitz gegeben wäre.

Man dreht sein Fähnlein eben nach dem Wind! Und der bläst in Groß-Deutschland heftig von rechts.

Und so erhielt Fritz Kiehn zwar am 19. Mai 1936 einen Pachtvertrag vom Bürgermeisteramt der Stadt Wildbad zugesandt, der aber seinen Vorstellungen nicht entsprach:

Sehr geehrter Präsident!

Es war Ihnen in der Zwischenzeit offenbar nicht möglich, in der Jagdangelegenheit hierher zu kommen. Inzwischen habe ich gehört, dass der Jagdtausch mit der Staatsforstverwaltung anscheinend auf größere Schwierigkeiten stößt und, dass Sie deshalb davon absehen wollen, die hiesige Jagd in der Art auszubauen, wie Sie ursprünglich beabsichtigten, an den vereinbarten Pachtverträgen wollen Sie aber festhalten (...) Revierjäger Rometsch hat mir mitgeteilt, in Folge einer Neueinteilung des Dienstes ab 1.5.1936, sei seine Monatsvergütung um 20,- RM zu erhöhen (...)

Ich würde mich sehr freuen, wenn Ihre Tauschverhandlungen mit der Staatsforstverwaltung doch noch zu einem befriedigendem Ergebnis führen können und es Ihnen dann möglich ist, Ihre ursprüngliche Absichten hinsichtlich der hiesigen Jagd zu verwirklichen (...)

So blieb dem Handelskammerpräsidenten nichts anderes übrig, sich dem Schicksal zu fügen und sich mit zwei räumlich getrennten Jagdbezirken, dem Sommerberg und der Wanne, zu begnügen.

Der Sultan, mit besten Beziehungen zum Kreisjägermeister und zum Kreisleiter, machte Kiehn jedoch Hoffnung, die Sache doch noch zu wenden, jetzt hieße es jedoch erst einmal abwarten. Somit konnte Rometsch Zeit gewinnen und versuchen, die Dinge auf seine Weise zu beeinflussen.

Am 13. März 1937 sieht sich das Bürgermeisteramt genötigt, aufgrund des Aktionismus des Revierjägers Rometsch den Handelskammerpräsidenten anzuschreiben:

Sehr geehrter Herr Präsident!

Ihr Revierjäger Rometsch hat kürzlich beantragt, die Fichtenkultur bei Ihrer Jagdhütte im Stürmlesloch zu entfernen, um den Blick von der Hütte aus nach den Wiesen frei zu machen.

Er sagt, er habe Auftrag von Ihnen. Ich hatte zunächst auf Grund seiner Angabe angenommen, dass es sich um wenige Bäume handele, aber es stellte sich heraus, dass die Freilegung einer nicht gar so kleinen Fläche notwendig wäre, was nur mit Genehmigung der Körperschaftsforstdirektion geschehen kann. Bei der weiteren Prüfung der Angelegenheit sind gewisse Bedenken in jagdlicher Hinsicht zu Tage getreten, insofern nämlich, als die Hütte in unmittelbarer Nähe der Jagdgrenze gegenüber dem Staatsforst liegt und die Herrichtung freien Schussfeldes von der Hütte aus Ihren Revierjäger in Versuchung bringen könnte, dem ihm aufgetragenen Abschuss von dort aus durchzuführen. Ein Verfahren, das nicht nur weidmännisch gesehen sehr zu beanstanden wäre, sondern insbesondere auch das Verhältnis zum Jagdnachbarn der Staatsforstverwaltung, deren Wild hauptsächlich davon betroffen würde, doch erheblich stören könnte. Unter diesen Umständen bitte ich Sie, sehr geehrter Herr Präsident, um gefl. Mitteilung, ob diese Freilegung wirklich Ihr Wunsch ist bzw. ob Sie ihn trotz dieser Bedenken aufrecht erhalten.

Was Rometsch im Auftrag Kiehns dazu bewog, die Rodung zu beantragen lag auf der Hand: ein turmhoher Hochsitz in einer Randfichte an der Grenze im Staatswald. Man wollte Waffengleichheit herstellen.

Der Bürgermeister wusste über den Sachverhalt ebenso Bescheid, war sich aber im Klaren darüber, die Sache sei nur mit Rücksichtnahme auf den Staatsforst zu lösen. Die Anmaßungen Rometsch's wollte er aber nicht länger hinnehmen und deshalb bekam der Sultan Post vom Bürgermeisteramt.

8. Juni 1937
Herrn Rometsch,
Revierjäger
Betr: DIENSTBEZEICHNUNG

In den letzten Nummern des Enztälers stehen Bekanntmachungen von Ihnen, die mit der Bezeichnung „Der Revierjäger" unterzeichnet sind. Ich glaube nicht, dass Sie berechtigt sind, die durch die Ablegung der Jägerprüfung erworbene Bezeichnung „Revierjäger" in dieser Weise zu verwenden, weil dadurch der Eindruck entsteht, als ob Sie eine Amtsperson seien.

Sie sind zwar in Ihrem Aufgabengebiet Hilfsbeamter der Staatsanwaltschaft, aber Sie sind nicht Amtsperson im Allgemeinen Sinn. Ich mache Sie darauf aufmerksam, damit Sie sich einige Ungehörigkeiten ersparen.

Der Bau des Luftwaffenlazaretts, das sogenannte Fliegerheim, brachte einen konjunkturellen Aufschwung nach Wildbad, die Handwerker bekamen Aufträge, die Geschäfte liefen sehr gut.

Um die Sache mit dem Jagdtausch voranzubringen, benutze Kiehn Jagdeinladungen an hohe Funktionäre der Partei, um vor Ort die Sache zu besprechen. Neben den obligatorischen Einladungen in der Hirschbrunft, war es eine unter Rometsch geplante Drückjagd im November 1938, die die Dinge ins Laufen brachte, aber keinesfalls so, wie es sich der Handelskammerpräsident gedacht hatte.

Unter den Gästen war der Stabsjägermeister Baumann aus Stuttgart, der angestellt an einem Wildzaun, der quasi als Zwangswechsel diente, enormen Anlauf hatte. 7 Stück Rotwild brachte Baumann zur Strecke und war voll des Lobes über die gute Organisation der Drückjagd durch Rometsch. Kaum wieder in Stuttgart nahmen die Dinge ihren Lauf, Baumann erstattete Bericht in der Villa Reizenstein und weckte somit das Interesse des ersten Mannes im Staate Württemberg von Hitlers Gnaden, Reichstatthalter Wilhelm Murr.

Hermann Rometsch machte sich durch sein sehr selbstbewusstes Auftreten nicht nur Freunde. So wurde er am 3. August 1938 von der Forstverwaltung beim Kreisjägermeister angeschwärzt. Der wendet sich nun, da die Sache leicht nach hinten losgehen konnte, an seinen Vorgesetzten, Stabsjägermeister Baumann, nach dem er das Schreiben des Forstamt Wildbads ein wenig entschärft hatte.

Schonzeitabschuss:

1. *Der Revierjäger Romestch hat am 26.7.1938 ein Schmalreh erlegt. Die Erlaubnis ging jedoch nur vom 1. bis 15.7.1938. Außerdem hat er die Erlegung erst am 30.7. dem Forstamt gemeldet.*
2. *Am 29.7. hat Rometsch ein Schmaltier erlegt. Die Erlegung hat er dem Forstamt gemeldet. Er hat das Stück an das Hotel Riexinger abgegeben und bei der Abgabe bemerkt, dass das Stück erst zerwirkt werden dürfe, wenn er es sage. Am 30.7. wollte Forstmeister Renninger das Stück besichtigen. Es war aber bereits zerwirkt. Dem Unterkiefer nach handelt es sich aber um ein mindestens*

Das Jagdwesen war im Dritten Reich paramilitärisch organisiert.

zweijähriges Stück. Die Angabe von Revierjäger Rometsch, dass das Stück einen verkürzten Lauf gehabt habe, stimmt insofern, als ein Lauf zweifellos nicht in Ordnung war, dass konnte Forstmeister Renninger auch nach dem Zerwirken noch feststellen.

3. *Ich habe Revierjäger Rometsch ermahnt, in Zukunft pünktlicher zu sein, und bitte Sie das gleiche zu tun.*

Ein sehr zaghafter Versuch der Anschwärzung. Die vorsichtige Formulierung zeigt, „der Sultan" war ein mächtiger Gegner. Stabsjägermeister Baumann, von Rometsch in der Sache bereits vorab informiert, ließ mit seiner Antwort nicht lange auf sich warten, um in der Gunst der Stunde dem Kreisjägermeister Forstmeister Schauwecker die grundsätzliche Marschrichtung vorzugeben.

Betr.: Schreiben vom 3.8.1938

Sehr geehrter Herr Forstmeister,

Ich hatte Gelegenheit, mehrere Tage in der Blattzeit im Revier Wildbad 1 zu weilen und meine Kenntnisse über den dortigen

Rehbestand zu vervollkommnen, sodass ich mir ein Bild über die Besetzung des Reviers mit Rehen bilden konnte.

Die Bestandsangaben des Revierjägers Rometsch im Abschussplan, auf die ich angewiesen war, dürften in etwa stimmen. Vor allen Dingen habe ich festgestellt, dass das Geschlechtsverhältnis nicht viel höher ist als 1 zu 1 und das Revier selbst einen noch höheren Rehbestand unbedenklich vertragen kann; außerdem habe ich noch eine größere Zahl an Abschussböcken festgestellt. Diese Gründe veranlassen mich, Sie um gefl. Abänderung des Abschussplans zu bitten. Die Abschusszahl des weiblichen Rehwildes einschließlich der Kitze ersuche ich von 24 auf 20 zu ermäßigen, bei den Böcken bitte ich die Zahl der geringen- und der Abschussböcke von 12 auf 15 zu erhöhen. Von den bis jetzt angefallenen 9 Böcken sind 7 ausgesprochene Abschussböcke, 2 jagdbare Böcke wurden von mir und einem Gast nach der Brunft erlegt. Ich beabsichtige dahin zu wirken, dass von den genehmigten jagdbaren Böcken höchstens noch 2 erlegt werden, bitte aber, es bei genehmigten 6 Stück jagdbaren zu belassen, da man bei der Persönlichkeit der Gäste des Herrn Kiehn es nicht so sehr in der Hand hat.

Doppelseitige Kronenhirsche waren für den Reichsstatthalter reserviert.

Des Weiteren teile ich Ihnen mit, dass Präs. Kiehn für die Ausübung der Jagd außerordentlich wenig Zeit hat, sodass Ihre Anweisung betr. Rotwildabschuss eine besondere Einengung bedeutet.

Soviel mir bekannt ist, will er einen hohen Gast (Anm. Stabsjägermeister Baumann wusste natürlich, dass mit dem Gast der Reichsstatthalter Wilhelm Murr gemeint war) dessen Zeit ebenfalls von verschiedenen Umständen beeinflusst wird, auf einen jagdbaren Hirsch einladen. Ich bitte, in Würdigung dieser Umstände den Herrn Gaujägermeister befürwortend die Freigabe der beiden jagdbaren Hirsche unter Ausschluss doppelseitiger Kronenhirsche weiterzuleiten.

Persönlich glaube ich, dass der Abschuss erst nach dem 20. September stattfinden wird, möchte aber für alle Fälle gedeckt sein, wenn zu diesem Zeitpunkt ein jagdbarer Hirsch zu Strecke kommt.

Abschließend wird erwähnt wie heftig die Ermahnung des Sultans ausgefallen sei und dass man den Revierjäger angehalten habe, sich weidmännisch zu verhalten. Stabsjägermeister Baumann in Stuttgart war sich im Klaren, man brauchte den Revierjäger vor Ort, wer sonst sollte jagdbare Böcke und Hirsche bestätigen, wenn man in sehr knapper Zeit jagen und dazu Erfolg haben wollte.

Am 19. März 1939 wendet sich Stabsjägermeister Baumann in geheimer Kommandosache direkt an Rometsch:

(...) Ich habe Sie anzuweisen, keinerlei Aufwand mehr zu machen, die für die Zeit nach dem 1. April wirksam werden.

Jegliche Vorbereitung für Wildäcker, Hochsitze, Ankauf von Futtermitteln über den 31. März hinaus muss unterbleiben, da Herr Präsident Kiehn alle Kosten hierfür ablehnt.

Jetzt begann sich die Sache ganz im Sinne des Sultans zu entwickeln, der sich offenbar schon am Ziel wähnte.

Von dieser Entwicklung wurde das Bürgermeisteramt quasi überrollt und so schreibt der Bürgermeister etwas hektisch an den Gauleiter Wurster in Calw.

Betr.: Jagd im Stadtwald

Sehr geehrter Herr Gauleiter!

Revierjäger Rometsch hat mir in Ihrem Auftrag mitgeteilt, in der Jagdfrage soll nichts unternommen werden, ehe nach Rückkehr des Herrn Reichsstatthalters eine Besprechung in der Angelegenheit möglich ist. Ich weiß nicht, welche Sachverhaltsschilderung Ihnen Revierjäger Rometsch gegeben hat. Als Herr Stabsjägermeister Baumann mir die Absicht des Jagdpächters Herr Kiehn mitteilte, war ich deshalb keinen Augenblick im Zweifel, dass die Stadt die Jagd im Stadtwald nun selbst in die Hand zu nehmen habe, und ich habe dies dem Herrn Stabsjägermeister auch sofort am Fernsprecher gesagt. Ich habe mir auch sofort vorgestellt, dass die Stadt damit die Möglichkeit hätte, den Herrn Reichstatthalter und Sie als Jagdgäste einzuladen und Ihnen so die Gelegenheit zu geben, möglichst oft in Wildbad zu sein, was Ihnen die Behandlung der mit dem Ausbau Wildbads zusammenhängenden Fragen gewiss sehr erleichtern würde; ich habe Herrn Stabsjägermeister Baumann sofort entsprechende Andeutungen gemacht. Meine Absicht war, beim Herrn Reichstatthalter und bei Ihnen die Einladung zu gegebener Zeit in der entsprechenden Form anzubringen (...)

Grund dieser Hektik war, dass der Bürgermeister plante, stark beeinflusst durch Forstbeamte der Württembergischen Staatsforstverwaltung, die Regiejagd einzuführen, den Ärger mit Pächtern und den Sultan wäre man dann auch los.

(...) Aufgrund dieser Sachlage habe ich im Einvernehmen mit Herrn Forstmeister Oberdorfer veranlasst, am 1.4.1939 die Regiejagd im Stadtwald zu übernehmen.

Der Bürgermeister konnte sich gegen die Übermacht der Partei nicht durchsetzen. Nun wollte er wenigstens einen persönlichen Nutzen aus der sich neu anbahnenden Situation ziehen.
In einem Protokoll vom Mai 1939 steht:

(...) Eine Weiterverwendung des Revierjägers Rometsch ist unter den neuen Verhältnissen nicht notwendig und auch nicht möglich. Er ist Angestellter des Jagdpächters und erhielt von diesem Gehalt und Dienstanweisung, solange die Stadtkasse das Gehalt auszahlte, hat sie lediglich für Rechnung und im Auftrag des Jagdpächters gehandelt (...)

Ich setze selbstverständlich voraus, dass für Revierjäger Rometsch eine andere Existenz vermittelt wird. In seinem alten Beruf bieten sich ja die besten Aussichten.

Dazu muss man wissen, dass die Familie Rometsch früher eine Milchhandlung betrieben hat. Des Öfteren soll man die Milch mit Wasser gepanscht haben.

Die Verhandlungen mit dem Staatsforst waren also für die Katz.

Regiejagd im Stadtwald, voraussichtliche Einnahmen und Ausgaben

Ab dem Jahr 1935 versuchte die Staatsforstverwaltung, die gleichzeitig die Betriebsführung im Stadtwald hatte, auch in den Genuss des Jagdrechts zu kommen. Beiden Enklavejagden war dies bereits mit dem Einsatz aller Kräfte gelungen. Jetzt rannte man aber offene Türen beim Bürgermeisteramt ein. Da dieser von dem ständigen Pächterwechsel und den Aktionen des Sultans die Nase voll hatte.

So rechnete das Forstamt Meistern bei Einführung der Regiejagd Meistern Leonhardswald dem Bürgermeister die Einnahmen optimistisch vor, denn vorrechnen hieß ja nicht unbedingt wirklich auch einnehmen und erlösen.

Einnahmen: 6 Hirsche, 600kg = 540 RM 6 Alttiere, 360kg = 360 RM 4 Hirschkälber, 120kg = 120 RM 30 Rehe,330kg = 430 RM 3 Hasen = 10 RM 2 Marder = 100 RM 2 Auerhahnen = 60 RM
Summe = 1620 RM
Diese Einnahmen beziehen sich auf die Verwertung der Jagdbeute ohne die Jagdtrophäen und ohne Einrechnung von Schussgeldern. Bei der Staatsforstverwaltung wurden bisher im Allgemeinen für die Jagd 2 Fünftel der Einnahmen aufgewendet:In der Annahme, dass beim staatlichen Regiejagdbetrieb manche Arbeitsleistung von Gefolgschaftsangehörigen nicht besonders auf Jagdunkosten ausgeschieden werden und im Hinblick auf die beabsichtigte Einladung von Jagdgästen man mehr tun könne, sei der doppelte Betrag anzusetzen. Kosten für Wildäcker sind im vorgenannten Ausgabensatz nicht enthalten. Diese Kosten werden bei der Staatsforstverwaltung besonders verrechnet. Dies ist insofern begründet, als die Anlegung von Wildäckern weniger dem Jagdbetrieb an sich, als dem Schutz der Kulturen dient.

Die Berechnung der Einnahmen überrascht ein wenig, da auf einer Fläche von ca. 850 ha bereits mit einer Rotwildstrecke von 16 Stück gerechnet wurde. Ende der 20er Jahre war Rotwild am Meistern nur sporadisches Wechselwild, jedoch im Sommer 1935 schreibt Forstmeister Wutz bereits:

Es wird die Annahme getätigt, dass der Meistern seit einiger Zeit Rotwild als Standwild beherberge und, dass dies für die Zukunft im vermehrten Maße zu erwarten sei, da das Heranwachsen des Waldes dafür günstig ist.

Am 16. Juli 1940, im 2. Kriegsjahr, war es dann soweit, neben dem Leonhardswald mit 620 ha am Meistern, wurden an den Reichstatthalter Wilhelm Murr durch den Württembergischen Forstfiskus der 704 ha große Untere Eiberg-Vorderes Eyachtal verpachtet. Zusammen mit der Sommerbergjagd entstand ein geschlossener Rotwildbezirk von 1400 ha, somit bejagte der Reichstatthalter eine Fläche von über 2000 ha. Der geschlossene Pachtvertrag sollte nach dem Willen des Adjutanten des Reichsstatthalters SS-Haupsturmführer Gitter im März 1952 enden.

Für den Revierjäger Rometsch kam die Sache ein bisschen zu spät, er wurde schon am 12. September 1939 zu den Waffen gerufen, Rometsch wäre aber nicht der Sultan gewesen, hätte er nicht vorgesorgt. Bereits am 13. September wurde dem Reichstatthalter der Nachfolger des Revierjägers gemeldet:

Der neue Revierjäger ERNST Rometsch, pensionierter Jagdaufseher und Vater des Hermann Rometsch.

Blattzeit auf roten Bock!

Wilhelm Murr kam noch viele Male ins Wildbad, nahm Quartier in der „Eintracht“, genoss Thermalbäder im Eberhardsbad und den Kurbetrieb im Badhotel, im Quellenhof der Post und ging vor allen Dingen auf Auerhahnen, Rehböcke und Kronenhirsche jagen.

Zu Ende des Krieges verschanzte er sich im Bunker unter der Villa Reizenstein in Stuttgart, den er kurz vor Einnahme der Stadt durch einen geheimen Fluchttunnel verlies. Anfang Mai 1945 schluckte Wilhelm Murr in Bregenz am Bodensee eine Giftkapsel, um sich dem Zugriff einer französischen Spezialeinheit zu entziehen.

Die Auswirkungen des Reichsjagdgesetzes auf den Rotwildbestand im Nördlichen Schwarzwald

Im Dritten Reich war Rotwildbestand im Nördlichen Schwarzwald sehr hoch.

Bezeichnend für die Jagd im Dritten Reich war die Schaffung einer straffen Einheitsorganisation mit dem Reichsjagdamt in Berlin an der Spitze. Das brachte auch den Rotwildjägern im Schwarzwald (im Südschwarzwald gab es damals kein Rotwild) einige Neuerungen, die man so bis dato nicht kannte. Unter anderem die regelmäßigen Einführungen von Trophäenschauen.

Landestrophäenschau Baden 1937

Es sind folgende Hirschgeweihe aus dem Jagdjahr 1936/7 ausgestellt:

1. Nördlicher Schwarzwald
   davon 3 Zwölfer
   2 Kronenzehner
   11 Eissprossenzehner
   25 Achter
   17 Sechser
   14 Gabler
   29 Spießer
   ------------ 101 Geweihe
2. Odenwald
   davon 1 Vierzehner
   3 Zwölfer
   7 Zehner
   11 Achter
   5 Sechser
   2 Gabler
   6 Spießer
   ------------ 35 Geweihe

Preisträger der Geweihaustellung:
Die Bewertungskommission hat als Geweihe, die durch Medaillen bzw. Diplome auszuzeichnen sind, folgendes bestimmt:

1. **Goldene Medaille**: Ein Abschusssechser, am 18.8.36 auf der Gemeindejagd Obertsrot von dem Pächter Emil Huber erlegt. Alter 6–7 Jahre,Gewicht 118 kg.
2. **Silberne Medaillen:**
   a. nördlicher **Schwarzwald:** Ein abschussnotwendiger Eissprossenachter, am 23.1.1937 auf der Pachtjagd Schramberg des Murgschifferwaldes, Pächter Schöller&Hösch, von dem F. F. Forstrat Kurt Stephani erlegt, Alter 8–9 Jahre, Gewicht 105 kg.
   b. **Odenwald:** Ein abschussnotwendiger Gabler, am 26.9.1936 im Jagdrevier Jmberg des Gemeindewaldes Eberbach von dem Pächter Jacob erlegt. Alter 3,5 Jahre, Gewicht 60 kg.

3. **Diplome für Hegesammlungen**
   a. **Nördlicher Schwarzwald:** Hegeabschuss an Rotwild des Großh. Forstamt Kaltenbronn in Gernsbach. 17 Hirschgeweihe, davon 15 grün und 2 blau gewertet.
   b. **Odenwald:** Hegeabschuss des Fürsten Leiningen in den Revieren Sturmhalde, Angstel und Antonslust.

4 Hirschgeweihe davon 1 rot, 3 grün gewertet.

Die Badische Presse berichtet hierüber am 13.3.1937:

Baden, das Land alter Jagdkultur:
Jagdaustellung ganz groß!
Gestern in der Eintracht eröffnet
– Hunderte von Geweihen und Gehörnen entzücken das Auge –
Ehrenvoller Auftrag für das Grenzland

Als einen Weihe- und Erntetag bezeichnete Landesforstmeister Hug bei der gestrigen Eröffnung der Badischen Landesjagdausstellung diese Schau, die gleichzeitig als sinnvoller Abschluss eines Jagdjahres Rückschau, und Vorschau für die kommende Zeit sei. Viele waren es, die sich für diese Ausstellung interessierten, Jägerschaft und geladene Gäste füllten den geräumigen, mit Tannengrün und Geweihen weidmännisch geschmückten Festsaal bis auf den letzten Platz. Unter den Erschienenen sah man neben den Vertretern der Partei Oberst Jahn als Vertreter der Wehrmacht, ferner waren anwesend: Oberstarbeitsführer Helff, Landesbauernführer Engler-Füßlin, Oberbürgermeister Jäger, Margraf Berthold und der Fürst von Fürstenberg.

Stabsjägermeister Oberforstrat Küchler

Küchler sprach zunächst kurz über die Ausstellung, die sich in drei Abteilungen gliedert: in eine Geweih- und Gehörnschau, in eine Abteilung für Wildkrankheiten und in eine jagdhistorische Schau. Besonders umfangreich ist die Geweih- und Gehörnschau, die mehrere hundert, zum Teil ganz prächtige Exemplare von Geweihen ausweist. Bei den Hirschgeweihen gab es goldene und silberne Medaillen, außerdem gab es eine Reihe von Diplomen. Bei den Rehgehörnen fiel die goldene Medaille für den besten Bock von ganz Baden in den Jagdkreis Neustadt, ferner zwei silberne Medaillen in den Gau Baden-Nord und Baden-Süd.

Außerdem wurden noch 38 bronzene Medaillen zuerkannt.

Landesforstmeister Hug

Hug feierte in seiner Eröffnungsansprache unter Bezugnahme auf die Ausführungen des Reichsjagdgesetzes die edle Kunst des Weidwerks. Die Ausstellung soll der Jägerschaft einen Rückblick und einen Ausblick geben, sie soll eine Lehr- und Lernschau sein für die Jungjäger, sie soll aber auch der Allgemeinheit zeigen, dass Jagd und Jägerei ein wertvoller Bestandteil deutschen Volkstums und deutscher Art sind, deren ideeller und materieller Wert nicht hoch genug anzuschlagen sind. Erfreulich ist, dass gerade das Land Baden hinsichtlich der Rehgehörne an der Spitze im Reich steht und infolgedessen vom **Reichsjägermeister den ehrenvollen Auftrag erhalten hat, auf der im November ad. Js. in Berlin stattfindenden Internationalen Jagdaustellung eine Rehgehörnaustellung, sowie eine historische Schau zu stellen.**

Gerade Baden ist ein Hauptzentrum alter jagdlicher Kultur, die es festzuhalten und zu pflegen verpflichtet wäre. Wenn auch heute die volkswirtschaftliche Bedeutung der Jagd etwas zurück gegangen sei, so ist doch ihr ethisch-ideeller Wert gestiegen. Immerhin stellt sich auch der materielle Wert der Jägerei und der mit ihm verbundenen Gewerbezweig auf über **80 Millionen Mark** im Jahr!

Die Ansprache schloss mit einem „Sieg Heil“ auf den Führer, worauf die beiden Nationalhymnen gesungen wurden. Nach einem kräftigen dreifachen „Horrido“ auf den Reichsjägermeister Göring bliesen die Forstschüler ebenso wie zur Eröffnung nun auch zum Abschluss der Kundgebung mit ihren Jagdhörnern ein fröhliches Halali.

An die Eröffnungsfeier schloss sich eine **Besichtigung der drei Abteilungen** an, die in der Geweih- und Gehörnschau dem Weidmann wertvolle Aufschlüsse und lehrreiche Einblicke anhand hunderter von Ausstellungstücken gab. Interessant war in der zweiten Abteilung, wo die Wildkrankheiten eine übersichtliche Zusammenstellung gefunden haben, eine zahlenmäßige Angabe der Jagdstrecke des letzten Jahres.

Es wurden in Baden geschossen:
23 097 Stück Rehwild, 109 441 Hasen, 8 264 Füchse und Dachse, 45 619 Fasanen, 35 224 Rebhühner und 372 Stück Rotwild, ein Be-

weis für das ungemein wildreiche badische Gebiet. Dass auch WHW von unseren Grünröcken nicht vergessen wurde, zeigte eine mittlere Tafel, wonach im letzten Jahre allein 44.000 Mark, das sind 20 Prozent des gesamten Jagdertrages, für das Winterhilfswerk geopfert wurden. Die historische Abteilung weist eine große Anzahl ungemein wertvoller und seltener Jagdurkunden und Jagdgegenstände auf, wobei die „Goldene Sau von Kandern“, ein von Markgraf Georg Friedrich von Baden-Durlach im Jahre 1605 gestifteter Jagdhumpen, verschiedene Saufedern, handschriftliche Auszeichnungen und alte kunstvoll verzierte Jagdwaffen in die Augen fallen.

Baden wurde damals ab 1935 in seinen Grenzen, wie das Gauland Württemberg Hohenzollern von einem Reichstatthalter regiert. Wiederum war es ein Weggefährte Adolf Hitlers, der diese Stelle ununterbrochen von 1935 bis 1945 innehatte, Robert Wagner.

Bereits 1934 wurde Wagner mit dem Blutorden der Nazis ausgezeichnet, einer der höchsten Auszeichnungen des Regimes. Im Gegensatz zu Wilhelm Murr, der quasi von seinem Arbeitsplatz aus in der Esslinger Maschinenfabrik die Geschicke der Partei als Ortsgruppenleiter in die Händen hielt, trat Robert Wagner bereist seit 1925 als Naziberufspolitiker auf, als Teilnehmer des Putsches von München 1923 hatte er früh engen Kontakt zu Adolf Hitler und seinem persönlichen Umfeld gefunden.

Aktenkundig bekannt wurde Wagner durch mehrfache Verurteilungen wegen Körperverletzung, Beleidigung und Diebstahl aber das kennen wir ja schon vom Sultan alias Revierjäger Rometsch, dass eine derartige Karriere im Dritten Reich eher förderlich als hinderlich war solange man die Schandtaten zum Wohle der Partei ausführte. Es war der Verdienst Wagners, dass in Baden die NSDAP 1926 beachtliche Erfolge bei den Landtagswahlen erzielen konnte. Bereits seit 1927 erschien in Baden eine Gauzeitung, die erst 1945 ihr Erscheinen einstellte. 1929 konnte Wagner als Abgeordneter der NSDAP in den Landtag von Baden einziehen, für einen NSDAP Politiker ein unschätzbarer Vorteil, da die Parlamentarische Immunität den Abgeordneten vor der ermittelnden Justiz schützte.

Bei Sitzungen im Landtag verkündete Wagner auch ohne Scheu was er von der Weimarer Republik hielt, nämlich nichts. „Der Tage werden kommen an dem das Machwerk von Weimar in sich zusammenbricht.“ Immer wieder wurde auf Betreiben der gegen Wagner ermittelnden Justiz versucht, die Immunität Wagners aufzuheben, was kein einziges Mal gelang. Auf Wunsch Hitlers wurde Wagner nach Berlin in die Reichsleitung der NSDAP versetzt. 1933 kehrte er zurück und bereitete die Machtergreifung in Baden vor.

Unter einem Vorwand ließ er alle SPD und KPD Mitglieder verhaften und steckte sie in das Konzentrationslager.

Auch heimtückischer Mord war Wagner recht, um seine Ziele zu erreichen, 1934 ließ er den Juden und SPD Vorsitzenden Ludwig Marum hinterrücks ermorden. Auch bei der Lösung der „Juden-Frage" taten sich Wagner und seine Schergen durch ungewöhnliche Brutalität hervor.

Wagners Macht und Einflussbereich wuchs noch mal an, als die Wehrmacht Frankreich überfiel, so kam in den ersten Kriegstagen das an Baden angrenzende Elsass unter seine Kontrolle.

Als Chef der Zivilverwaltung lies er 4600 Juden aus Baden und dem Elsass vertreiben, viele starben schon während der Deportation, 2000 wurden während des Krieges im KZ umgebracht, überlebt haben eine Handvoll. Hitler persönlich hatte Wagner aufgetragen, das Elsass wieder zur rein deutschen Provinz zu machen, welche Methoden er anwende sei ihm egal.

Wagner ließ 1940 in Schirmeck sein eigenes Konzentrationslager einrichten, über das er bis Kriegsende auch gegen schärfsten Widerstand der SS, persönlich die Oberaufsicht hielt.

Wie Wilhelm Murr hielt er selbst im Angesicht des Untergangs Hitler die Treue. Als die Besatzer einrückten, suchte er sein Heil in der Flucht, seiner auswegslosen Situation bewusst, stellte sich aber dann den Behörden. Am Morgen des 14. August 1946 öffnete sich unter ihm die Falltür und er starb den Tod durch den Strang.

Wagner, der begeisterter Jäger war, hatte an der ehemaligen Hofjagd Kaltenbronn kein großes Interesse, die verkehrstechnische Anbindung des Kaltenbronn zur damaligen Zeit ließ zu Wünschen übrig, gerade im Winter.

Am 7. Mai 1938 fand die Rotwildgeweihschau für den württembergischen Schwarzwald in Enzklösterle statt.

Ein Bericht aus der damaligen Presse:

Das württembergische Rotwildgebiet im Schwarzwald umfasst 50.000 ha Wald und 10.000 ha Feld.

Rotwild und Schwarzwald sind von jeher untrennbar mit dem Schwarzwald verbunden, wenn auch die Äsungsverhältnisse in den vorwiegend mit Tannen und Fichten bestockten Berghängen nicht besonders günstig sind.

137 Geweihe waren in vorbildlicher Weise in der Festhalle aufgebaut. Zum ersten Mal nahm auch das herzogliche badische Revier Kaltenbronn, das organisch zum württembergischen Schwarzwaldgebiet gehört mit seinen Trophäen an der Geweihschau teil.

Oberforstrat Keller, Kaltenbronn, hat damit in kameradschaftlicher Weise einen Gesamtüberblick im württembergischen Schwarzwald ermöglicht. Forstmeister Sigle Hoffstett besprach die Geweihschau in vortreffender Weise. Er führte die in großer Zahl erschienenen Rotwildjäger von den Spießern und Junghirschen über die Mittelhirsche zu den jagdbaren und Erntehirschen, erläuterte die verschiedenen Geweihformen, die richtig geschossenen Hirsche, und die falsch geschossenen.

Anhand des Schulungsmaterials und des mit großer Sachkenntnis zusammengestellten Vortrags wurde jedem Rotwildjäger anschaulich der richtige Weg gewiesen. Anschließend gab der Gaujägermeister Maurer und Landesbeauftragte für Rotwild einen Rückblick und Weisungen für 1938. Er wies darauf hin, dass sein Verbot des Kronenhirschabschusses 1935 und 1936 verbunden mit dem erhöhten Abschuss an schlecht veranlagter Hirsche und einem verstärktem Abschuss an Kahlwild, zwar eine Verringerung des Rotwildbestandes geführt hat, dass dafür aber eine sichtliche Hebung der Qualität eingetreten ist, wie besonders die Geweihgwichte der erlegten Erntehirsche zeigen. Aufgrund der einheitlichen Planung der Rotwildhege auch für die privaten Reviere, konnten einheitliche Abschusspläne und Hegemaßnahmen durchgesetzt werden. Als Folge hat sich die Zahl der guten Hirsche vermehrt, das Geschlechtsverhältnis hat sich gebessert, die Brunft wurde überall lebhafter, der Reiz der Jagdausübung hob sich, Kronenbildung und Geweihgewicht wurden verbessert. Eine umfangreiche Anlage von Wildäckern und Wildwiesen, Verbesserung nasser und saurer Wiesen, einheitlich durchgeführte zweckmäßige Fütterung waren die Mittel hierzu. Der Aufwand für Wildäcker und Wildwiesen in den Jahren 1936 und 1937 waren hierzu 83 000 RM. Systematisch wird hieran weiter gearbeitet. Für die Fütterung allein wurden in den Staatsforsten im letzten Jahr neben den von den Ämtern selbst beschafftem Rauhfutter 850 Zentner Kastanien aufgekauft. Hand in Hand ging eine weitläufige Abzäunung der Waldränder von den von Wildschäden bedrohten Feldfluren, wobei die Staatsforstver-

waltung mit erheblichem Aufwand transportable Holzhurden herstellen ließ und die Landwirte die Aufstellung der Hurden übernahmen. Der Erfolg war durchschlagend: Dort wo die Bauern die Hurden geschlossen anbrachten, ist kein Wildschaden entstanden. Wo sie aber unvollständig, lückig oder gar nicht aufgestellt wurden, trat teilweise sehr starker Wildschaden auf. Für 1938 ist ein Bestand mit 619 Hirschen und 836 Stück Kahlwild und (zusammen 1455 Stück) ein Gesamtabschuss von 390 Stück vorgesehen. Zum Schluss konnte der Gaujägermeister folgende Auszeichnungen verleihen:

Die goldene Medaille der deutschen Jägerschaft ging an Forstmeister Kimpfler, Klosterreichenbach, die silberne Medaille an Forstmeister und Kreisjägermeister Böbble, Herrenalb-Stuttgart, die bronzene Medaille an Revierförster Tritschler, Hinterlangenbach, und je ein silberner Hegebecher an Forstmeister Ebert in Enzklösterle und an Kaufmann Eiche, Stuttgart, für das Revier Schwarzenberg.

Forstmeister Ebert aus Enzklösterle.

Der Geweihschau des Schwarzwalds folgte am 15. Mai die Ausstellung im Schönbuch:

Das Rotwild vor den Toren Stuttgarts

Auch diese Tagung war sehr gut besucht. Erschienen waren der Präsident der Staatsforstverwaltung, Vertreter der Wehrmacht, die erst vor kurzem am Schönbuchrand mit zwei Panzerregimentern ihre neuen Kasernen bezogen hatten, der zuständige Landrat sowie der Kreis- und Bezirksbauernführer.

Die Vorarbeiten für die Geweihschau und die Bewertung und Auswertung der ausgestellten Geweihe waren Forstmeister und Kreisjägermeister Knödler, zusammen mit Forstmeister Heider übertragen.

Gaujägermeister Oberforstrat Maurer führte hierzu aus, dass der Abschuss 1937 im Schönbuch gezeigt hat, dass sich die Mehrzahl der Rotwildjäger Mühe gegeben hat, ihren Abschuss nach den gegebenen Grundsätzen zu erfüllen. Es ließ sich im Gegensatz zum Schwarzwald aber nicht umgehen, in einzelnen Fällen Bußen zu verhängen, wenn an Stelle von Abschusshirschen jagdbare oder angehend jagdbare, hervorragend veranlagte Zukunftshirsche erlegt wurden.

Oberforstrat Wezel sprach in einem Vortrag, der auf langjährigen Erfahrungen und umfangreichen Studien beruht, über den Schönbuchhirsch.

Seine Studien erstrecken sich auf Material aus der Hofjagdzeit von 1886 bis 1905, in der Hofjägermeister Plato über jeden im Schönbuch erlegten Hirsch wertvolle Aufzeichnungen und Lichtbilder gefertigt hat. Demgegenüber diente die Zeit von 1934 bis 1937 zum Vergleich. Leider wurde damals das Alter anhand des Unterkiefers nicht festgestellt, was für vergleichende Untersuchungen von besonderem Wert gewesen wäre. Das Ergebnis war, dass die frühere Zeit Hirsche mit stärkerem Geweihgewicht aufwies, was Oberforstrat Wezel darauf zurückführt, dass die stärksten Hirsche der neueren Zeit zu früh erlegt werden. Zweifellos haben sich jedoch in der Hofjagdzeit auch die ausgedehnten Zugpachtungen von angrenzenden Gemeindejagden und die Austrittsmöglichkeit auf die Feldmarkungen, sowie die Fütterung mit Kraftfuttermitteln günstig für die Geweihbildung ausgewirkt.

Wie beim Geweihgewicht, so verhält es sich auch mit dem Wildbretgewicht, doch liegen hier die Gewichtsunterschiede weit auseinander:

Kälber 22–60 kg, 5-jähriges Rotwild 83–143 kg, 10-jähriges Rotwild 120–138 kg. Der Schönbuch beherbergt zwei verschieden Blutlinien, den Berghirsch und den Flachlandhirsch, wobei der Berghirsch das massigere, der Flachlandhirsch das weite ausgelegte, in den Stangen etwas schwächere Geweih, beide aber durchaus edle Geweihformen erreichen. Im Wildbret wird der Flachlandhirsch schwerer als der Berghirsch.

Über die Brunftzeit ergaben die Studien, dass der Schönbuchhirsch in den ersten Septembertagen zu melden beginnt und dass das letzte Schreien Anfang November zu hören ist. Der Vortrag von Oberforstrat Wezel war umrahmt und unterbaut durch ganz hervorragende Lichtbilder aus der freien Wildbahn des Schönbuchs, aufgenommen und vorgeführt von dem auf der Internationalen Jagdaustellung ausgezeichneten Fotografen Rödle aus Stuttgart. Gaujägermeister Oberforstrat Maurer gab die Abschussgrundsätze für 1938 bekannt, die sich im Wesentlichen mit denen des Schwarzwalds decken. Der Rotwildbestand des Schönbuchs und seiner Randjagden beträgt 282 Hirsche und 442 Stück Kahlwild, zusammen 724 Stück. Für 1938 sind 283 Stück zum Abschuss vorgesehen. Dieser Abschuss ist seit 1934 der höchste. Der Landesbeauftragte für Rotwildfragen, Gaujägermeister Maurer, will durch diesen starken Eingriff eine Reduzierung des Rotwildstandes im Interesse der Aufartung eines gesunden, für Land- und Forstwirtschaft tragbaren Rotwildstandes erreichen. Der Schönbuch ist zwar zum größten Teil eingezäunt, doch drängt Wild immer wieder durch offengelassene Tore. Zudem steht auch in einzelnen Randrevieren außerhalb der Zäune noch Rotwild. Der stark landwirtschaftliche parzellierte Besitz, zusammen mit einer intensiven Bodenbewirtschaftung, erfordert eine weitgehende Rücksicht der verantwortlichen Jagdbehörden zur Vorbeugung gegen Wildschaden.

Im inneren Schönbuch wird eine sachgemäße Bewirtschaftung der Wildwiesen, waldbauliche Maßnahmen, richtige Fütterung, Kratzen, Hobeln und Teeren der Hauptstämme gefährdeter Nadelholzstangenhölzer, Vorsorge gegen Wildschaden treffen.

Denn im Herzen des Schwabenlandes wird sich nur mit durchdachter Pflege auf die Dauer ein erträglicher Rotwildbestand halten lassen.

Dass im Interesse des Naturschutzes und der Heimatpflege diese uralten Rotwildreviere so nah der Landeshauptstadt dem Schwabenland erhalten bleiben müssen, darüber ist sich jeder Verantwortliche klar. Es muss aber die Sorge der Jagdbehörden und der Forstbeamtenschaft sein, im Rahmen des Möglichen und Erträglichen den Rotwildstand des Schönbuchs zu heben und zu pflegen und qualitativ auf seine höchstmögliche Stufe zu bringen.

Auch für den Schönbuch konnte Oberforstrat Maurer drei Medaillen der Deutschen Jägerschaft verleihen:

Die goldene Medaille ging an Oberforstrat Wezel, Stuttgart, die silberne an Revierförster Weblen, Entringen, die bronzene an Revierförster Munz, Bebenhausen. Außerdem wurde Dr. Benzmer, Stuttgart, der silberne Hegebecher für den besten Hegeabschuss verliehen.

Hirschbergung um 1940.

Die Jagdämter in Baden und in Württemberg waren straff organisiert und wehe dem Jäger, der sich etwas zu Schulden kommen ließ.

Ladung zum Ehrengerichtsverfahren wegen gröblicher Fälschung und Irreführung der Jagdbehörde

Wie alt der erlegte Rothirsch wohl ist? Früher wollte man es ganz genau wissen.

Gefälschter Unterkiefer eines Rothirsches.

Der Rotwildsachverständige beim Badischen Landesjagdamt, Oberforstrat Keller wendet sich mit dem Schreiben vom 29.5.1939 an das Institut für Jagdkunde der Deutschen Jägerschaft in Berlin-Wannsee mit folgender Bitte:

Bei unserer Rotwildhegeschau für Nord-Baden am 13. ds. Mts. wurde uns ein Sechsergeweih eines Rothirsches mit dem anliegenden Unterkiefer eingeliefert. Das Alter des Hirsches wurde von mir unter Berücksichtigung des M 3 auf 2 3/4 Jahre bestimmt. Die übrigen Molaren zeigten eine abnorme Abnutzung. Bei schärferer Besichtigung mit der Lupe entdeckte ich Streifen und Riefen, die nur von einer Feile herrühren können. Ich erlaube mir, Ihnen den Unterkiefer einzusenden und Sie im Namen des Badischen Landesjagdamtes um ein Gutachten über den Unterkiefer zu bitten, das die Grundlage für ein Ehrengerichtsverfahren gegen den Fälscher bilden soll. Für baldige Erledigung wäre ich Ihnen zu besonderem Danke verpflichtet.

Am 5. Juni 1939 traf die Antwort beim Badischen Landesjagdamt ein.

Gutachten.

============

Der von Herrn Oberforstrat Keller im Auftrag des Badischen Landesjagdamtes vorgelegte Rotwildunterkiefer zeigte folgenden Befund:

Die Backenzähne des sauber präparierten Kiefers zeigten an ihre Schleiffläche teilweise dunkelbraune Verfärbungen und beiderseits in der Gegend von M und M3 roten Farbanstrich. Die dunkle Färbung der Schleifflächen war mit Bleistift aufgetragen und ließ sich leicht entfernen wie der rechte Unterkieferast zeigt, der mit einem weichen Radiergummi gesäubert wurde. Schon bei der ersten Betrachtung zeigte sich, dass sämtliche Backenzähne in schräger Richtung mehr oder weniger mit einer Feile bearbeitet waren. Besonders angegriffen sind M1 und M2, die daher auch am kräftigsten künstlich nachgefärbt wurden. Die Schneidezähne, welche zum Zwecke der Untersuchung auf Ersatzdentinbildung heraus getrennt wurden, zeigten, dass kein Ersatzdentin gebildet war, sodass es sich also um einen Hirsch im Alter bis höchstens 4 Jahren handeln musste. Die Abnutzung der Backenzähne unter Ausscheidung der Feilen hervorgerufenen Veränderungen deutet auf ein Alter von dreieinhalb bis vier Jahren hin. Ein Alter von zweidrittel Jahren halten wir nicht für wahrscheinlich, da die Prämolaren geschoben sind und schon erheblich abgenutzt waren, wie der dunkel braune Dentinstreifen in P2 und P3 zeigt, der zweifellos vor der künstlichen Bearbeitung bestanden hat. M3 ist in diesem Falle etwas außergewöhnlich spät geschoben und war daher noch verhältnismäßig wenig in Abnutzung getreten.

Unser Gutachten geht dahin, dass es sich um einen dreieinhalb bis vier Jahre alten Hirsch handelt, dessen Unterkiefer mit einer Feile künstlich bearbeitet worden ist.

Der Sachverständige Oberforstrat Keller hatte sich nun des Alters wegen gehörig verschätzt.

Aber nichtsdestotrotz war es ein Sechserhirsch, 3,5 bis 4 Jahre alt, ein richtiger Abschusshirsch sozusagen und der Unterkiefer wurde mit der Feile bearbeitet. Das reichte in der damaligen Zeit vollkommen, um weitere Amtshandlungen in die Wege zu leiten.

Und so wurde gegen den Fabrikanten August Schweizer, Stumpenspezialfabrik in Bühl, Baden ein Ermittlungsverfahren eingeleitet. Der Stumpenfabrikant stritt alles ab und mit dem Corpus Delikti konfrontiert, sagte er sofort, das war nie und nimmer der richtige Unterkiefer, wahrscheinlich wurde er einfach vertauscht. Die Verhandlung wurde auf den 29. September 1939 angesetzt, aber der

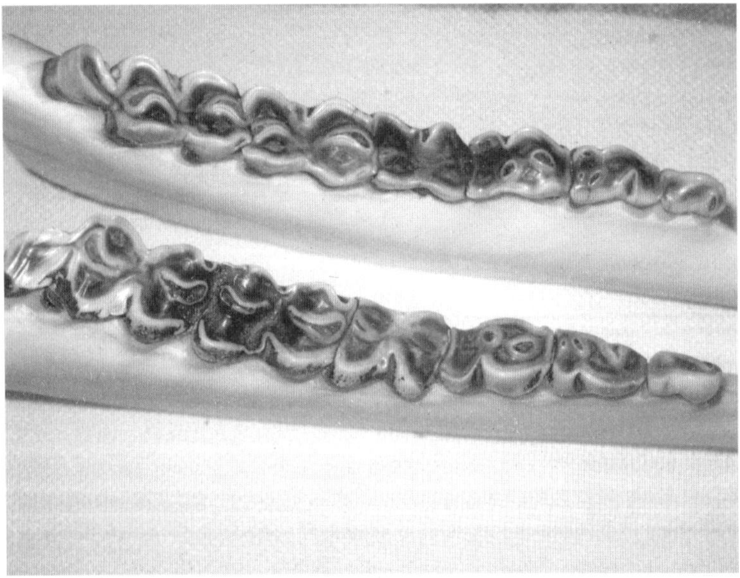

Der Unterkiefer eines Methusalems.

Kriegsausbruch verhinderte Schlimmeres, es gab jetzt viel Wichtigeres zu tun.

Der Paket-Hirsch
oder
verpackt wird nicht bezahlt.

Am 16. Juli 1941 erschien ohne Vorladung auf Ansuchen des Gaujägermeisters Württemberg-Nord, der Wild- und Geflügelhändler HANS BLUMENTHAL, geb. am 26. Mai 1908 in Wildbad.

Er erklärte:
Ich möchte Jäger werden und habe deshalb beim Kreisjägermeister in Calw, Forstmeister Schied in Liebenzell, vor 4 oder 6 Wochen angefragt, wie ich einen Jagdschein bekommen könne.

Forstmeister Schied schrieb, die Sache von Fünfbronn sei nicht erledigt, vorläufig könne ich keinen Jagdschein bekommen. Oberforstrat Maurer in Stuttgart, den ich vor ein paar Tagen aufsuchte, hat mir gesagt, ich könne die Jägerprüfung machen. Ich habe deshalb am 6. Juli 1941 die Jägerprüfung in Calw gemacht und bestanden. Ich möchte deshalb jetzt den Jagdschein beantragen.

Die Sache ist jetzt 1 ½ Jahre her und sollte nun erledigt werden. Im Frühjahr 1940 hat mich der Kriminalsekretär Sude in Wildbad in der Amtssache „WILDEREI eines HIRSCHES“ wegen dem Angeklagten Wurster vernommen.
Mein Vater teilte mir im Februar 1940 mit – den Tag genau kann ich nicht mehr genau angeben – Friedrich Wurster Fünfbronn habe angeläutet und gefragt, ob wir einen Hirsch in Fünfbronn holen könnten und er habe dies dem Wurster zugesagt. Es lag damals viel Schnee und ich habe mich deshalb mit der Fahrt nicht sehr beeilt. Mein Vater sagte mir dann später, Wurster hätte noch ein paar mal angerufen, der Hirsch liege in einer Wirtschaft, ich glaube der Sonne, in Fünfbronn, der Hirsch sei verpackt. Wurster hat dann noch mal meinem Vater angeläutet, der Hirsch soll jetzt abgeholt werden sonst gehe er kaputt. Ich holte den Hirsch nun ab, den Tag weiß ich nicht mehr genau, es mag sein, dass es Dienstag der 4. Februar 1940 war. Ein Mädchen in der Sonne gab mir nun 3

oder 4 Pakete mit dem Wildbret eines Hirsches. Ich sagte dem Mädchen, ich bräuchte den Wildursprungschein oder die Rechnung. Den Wildursprungsschein kann ich nicht verlangen, wenn das Wild zerlegt ist. Ich sagte dem Mädchen noch: Ich fahre jetzt hinüber zum Wurster und verlange den Wildursprungsschein. Das Mädchen erwiderte, da könnte ich nicht hinüber fahren, Wurster wäre noch nicht da. Ich nahm die 3 oder 4 Pakete mit meinem Kraftwagen mit nach Hause. Mein Bruder Adolph Blumenthal, Inhaber eines Photogeschäfts in Garmisch lud mich zum Skilaufen ein, dort fuhr ich hin und kam nach 3 Wochen wieder nach Hause.

Auf Vorhalt:
Die schriftlichen Sachen im meinem Geschäft erledige ich alle selbst. Ich habe deshalb niemandem Anweisung gegeben, dem Wurster wegen des Wildursprungsschein zu schreiben. Da ich keinen Wildursprungschein hatte, habe ich den Hirsch nicht ins Wildhandelsbuch eingetragen. Ich machte aber hinten am Wildhandelsbuch einen Bleistiftvermerk, dass ich an dem und dem Tag den Hirsch in Fünnfbronn geholt habe. Dieser Vermerk ist heute noch im Wildhandelsbuch. Das Wildhandelsbuch wurde damals gleich beschlagnahmt und ist mir bis heute nicht zurück gegeben worden. Für 1940 habe ich dann sowieso ein neues Wildhandelsbuch angelegt, manchmal bekomme ich auch ein dickeres, das für 2 Jahr reichen kann. Das Wildbret, das in 3 oder 4 Paketen war, war zerlegt. Ich habe nicht nachgeprüft, ob in den Paketen ein ganzer Hirsch war oder Teile davon gefehlt haben. Ich weiß nicht mehr, wieviel die Teile gewogen haben, vielleicht 120 Pfund, das steht im Wildhandelsbuch.

Auf Vorhalt:
Warum hätte ich es nicht machen sollen? Wurster ist ja ein Jäger, von dem wir immer Wild bezogen haben. Ich nahm an, dass das alles in Ordnung ist.

Auf Vorhalt:
Dass er dem Kriminalsekretär Sude erklärte:
Ich sehe ein, dass ich gefehlt habe, und den Wildursprungsschein hätte verlangen sollen oder wenigstens die Rechnung. Beides habe ich ja von dem Mädchen in der Sonne in Fünfbronn verlangt. Einen

Wildursprungsschein darf ich nicht verlangen, wenn das Wild schon zerlegt ist. Blumenthal berichtigt sich:
Ich kann den Wildursprungsschein schon verlangen, wenn mir jemand einen gibt. Weil ich keine Rechnung bekommen habe, habe ich dem Wurster auch nichts bezahlt. Ich sah den Wurster überhaupt nicht. Ich habe den Kaufpreis für den Hirsch auf Verlangen dem Kriminalsekretärs Sude ausbezahlt.

Auf Vorhalt:
Dass der Wildbrethändler mit in die Versorgungsregelungen zu Verhinderung von unberechtigten Abschüssen eingeschaltet sei. Das ist richtig. Wurster ist ein Jäger. Ich kann davon ausgehen, dass der Abschuss richtig sei.
Auf Vorhalt, dass es verdächtig sei, wenn man einen Hirsch zerlegt bekommt und kein Wildursprungsschein dabei sei.
Ja natürlich, aber es braucht kein Wildursprungsschein dabei zu sein, wenn ich das Wild zerlegt bekomme. Ich kaufe im Allgemeinen kein zerlegtes Wild und sehe darum, dass ich den Wildursprungsschein richtig bekomme. Bei einem zerlegten Stück Wild kann ich nur die Rechnung verlangen. Zerlegtes Wild bekomme ich namentlich im Sommer von bayerischen Wildhändlern, die bei der Lieferung an mich nur so etwas verdienen können. Seit dem Krieg liefern die bayerischen Händler mich nicht mehr an. Ich habe den in Fünfbronn geholten Hirsch nach Köln geliefert, vielleicht an den Fürstenhof, vielleicht an das Fürstenbergbräu, das ist aber eine Firma, das kann ich nachprüfen. Der Bezieher aus Köln hat mir vorher einen Bezugsschein geschickt.

Ich bin PARTEIGENOSSE, ich war im April/ Mai 1940 bei einem Infanterieregiment in Mährisch-Weiskirchen, wurde aber mit dem Vermerk, „arbeitsunfähig, HEIMAT" entlassen, weil ich auf einem Auge nichts sehe. Ich bin nicht vorbestraft.

Das war aber knapp! Was Wildhändler Blumenthal nicht wissen konnte: die Justiz hatte schon länger ein Auge auf den Jäger Wurster geworfen. Als man Wurster den Prozess wegen Wilderei machen wollte, gingen leider oder Gott sei Dank die Akten bei der Staatsanwaltschaft in Stuttgart verloren. Und so war er nach einer Phase des sich Wohlverhaltens wieder in den Genuss eines Jagdscheins gekommen. Vielleicht hatte Wildbrethändler Blumenthal derartige Paketgeschäfte des Öfteren gemacht, wenn nicht hätte er doch Wurster sicherlich bezahlt.

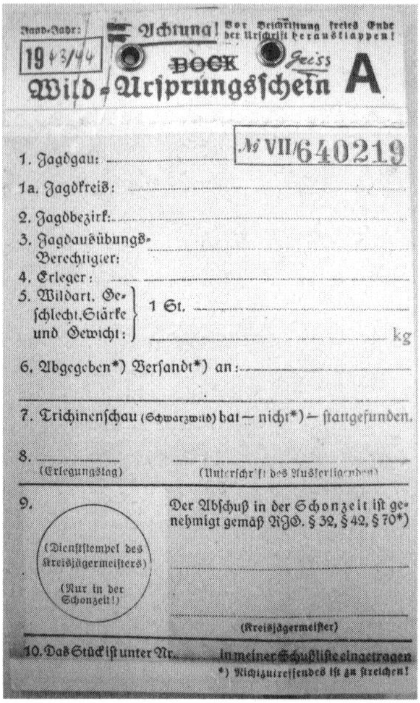

Jagd-Jahr: 1943/44

Achtung! Vor Beschriftung freies Ende der Urschrift herausklappen!

~~BOCK~~ Geiss

Wild-Ursprungsschein A

№ VII/640219

1. Jagdgau:
1a. Jagdkreis:
2. Jagdbezirk:
3. Jagdausübungs-Berechtigter:
4. Erleger:
5. Wildart, Geschlecht, Stärke und Gewicht: 1 St. ... kg
6. Abgegeben*) Versandt*) an:
7. Trichinenschau (Schwarzwild) hat — nicht*) — stattgefunden.
8. (Erlegungstag) (Unterschrift des Ausfertigenden)
9. (Dienststempel des Kreisjägermeisters) (Nur in der Schonzeit!)

Der Abschuß in der Schonzeit ist genehmigt gemäß RJG. § 32, § 42, § 70*)

(Kreisjägermeister)

10. Das Stück ist unter Nr. ... in meiner Schußliste eingetragen

*) Nichtzutreffendes ist zu streichen!

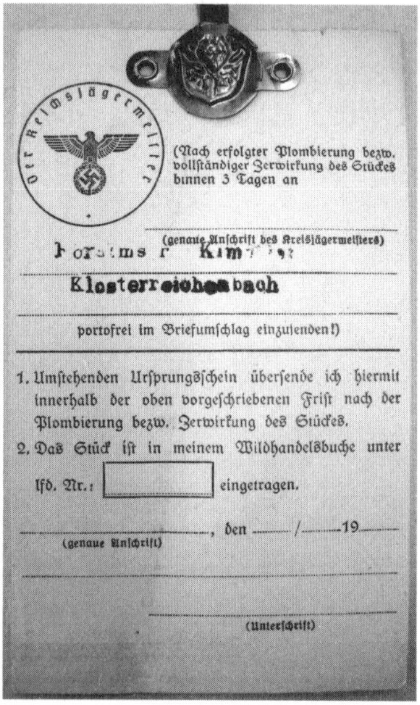

Der Kreisjägermeister

(Nach erfolgter Plombierung bezw. vollständiger Zerwirkung des Stückes binnen 3 Tagen an

(genaue Anschrift des Kreisjägermeisters)

portofrei im Briefumschlag einzusenden!)

1. Umstehenden Ursprungsschein übersende ich hiermit innerhalb der oben vorgeschriebenen Frist nach der Plombierung bezw. Zerwirkung des Stückes.
2. Das Stück ist in meinem Wildhandelsbuche unter lfd. Nr.: eingetragen.

..., den .../... 19...

(genaue Anschrift)

(Unterschrift)

Der Wildursprungsschein.

Artverderber und Abschusshirsche

Wenn wir die heute noch vorhandenen Geweih-Protokolle mit Nadler-Punkten bewertet betrachten, so erreichten Spitzenhirsche umgerechnet nach der Madrider Rotwildformel eine Punktzahl von maximal 160 Punkten nach CIC. Der schon damals viel zu hohe Rotwildbestand, gepaart mit Äsungsmangel in den Haupteinständen und die fehlende Erkenntnis, gut veranlagte Hirsche alt werden zu lassen, beschränkte die Trophäenqualität entscheidend.

Fehlende wildbiologische Kenntnisse und der Kriegsausbruch taten das Übrige.

Aufschlussreich sind einige Schriftwechsel zur Rotwildzählung mit dem Kreisjägermeister, für den Amtsbezirk Rastatt Forstrat Stephani, und dem Rotwildsachverständigen Oberforstrat Keller, Kaltenbronn.

An den Herrn Landesjägermeister für Baden, Karlsruhe.

Bei der Durchführung unserer Rotwildabschüsse im laufenden Jagdjahr (Anm. 1940) hat sich gezeigt, dass in einer Reihe von

Jagdbezirken der festgesetzte Kahlwildabschuss nicht oder nur schwer durchgeführt werden konnte. Demgegenüber war der Abschuss an Hirschen in der Regel ohne Schwierigkeiten durchzuführen, und es waren nach der Durchführung immer noch ziemlich viele Abschusshirsche vorhanden. In Auswertung dieser Erscheinung dürfte es angezeigt sein, nachzuprüfen, ob künftig nicht der Abschuss an Tieren ermäßigt und der an Hirschen erhöht werden sollte. Bei dieser Gelegenheit erscheint es mir zweckmäßig Überlegungen anzustellen, ob das angestrebte Verhältnis zwischen Hirschen und Kahlwild bei der Einrechnung der Kälber von 1:1 als richtig und gesund bezeichnet werden kann.

Ich habe die Empfindung, dass wir bei der Aufbauarbeit unseres Rotwildbestandes augenblicklich an einem gewissen kritischen Punkt angekommen sind, der es dringlich erscheinen lässt, möglichst bald unter Umständen im Benehmen mit Württemberg für unser Rotwildgebiet im Nördlichen Schwarzwald eine neue Wildzählung vorzunehmen, die infolge des überall liegenden Schnees (Anm. Schreiben ist datiert auf den 28. Januar 1940) erheblich erleichtert ist und die deshalb trotz bestehenden Mangels an Jagdbeamten, doch mit einiger Gewähr für ein zuverlässiges Ergebnis durchgeführt werden kann.
Diese Zählung erscheint mir umso dringlicher, als es leider infolge des eingetretenen Krieges mit seinen Folgen nicht möglich war, die im letzten Herbst beabsichtigte Rotwildzählung vorzunehmen.

Soweit der Bericht des Kreisjägermeister Stephani aus Baden, ihn interessierte es vor allen Dingen und in erster Linie, wie viele Hirsche jährlich von geringen, zu jagdbaren Hirschen werden und schlussfolgerte daraus, dass es sinnvoll sei, das Kahlwild zu schonen und dafür mehr Hirsche zu schießen. Ein fataler Irrtum.

Mit dem Schreiben vom 10. April 1940 wandte er sich an Oberforstrat Keller im Forstamt Kaltenbronn und teilte ihm mit:

Ich vermute, dass im Großen und Ganzen bei uns ein Hirsch etwa 9 Jahre werden muss, bis sein Geweih über 3 Kilo schwer wird, was aber dann durchaus nicht sicher ist.

Bei unseren Wertungen für die Geweihschau konnten wir immer feststellen, dass auch 9-jährige Hirsche noch ein Geweih unter 3 Kilo trugen – ja wir sahen uns sogar bei manchem vorgelegten Hirschgeweih zu der Vermutung veranlasst, dass sein Träger überhaupt nicht veranlagt gewesen wäre, auch bei Erreichung eines höheren Alters je ein Geweih zu schieben, welches das Gewicht von 3 kg überschritten hätte.

Auf die Idee, dass es viel zu viel Rotwild gab, kam der Kreisjägermeister nicht.

Einer der seltenen Kronenhirsche.

Oberforstrat Keller, unabkömmlich gestellt, antwortet am 23. April 1940:

Ich bitte um Entschuldigung, dass ich heute erst Ihr Schreiben v. 10.4.1940 beantworte. Nach Schneeabgang, der die Holzaufnahmen endlich ermöglichte, bin ich aber derart mit Holzverkauf und Abrechnungen beschäftigt, dass ich kaum Zeit zur Erledigung anderer Dienstgeschäfte finde.

1. *Ihren Überlegungen über den Jahreszuwachs von den geringen zu jagdbaren Hirschen kann ich nur beipflichten.*

Unsere Kaltenbronner Abschüsse in 10 Jahren zeigen, dass nur wenige über 8 Jahre alte Hirsche ein Geweihgewicht von 3 kg aufwiesen.

Im Granitblock mag das etwas besser sein; ich halte aber einen Zuwachs von 10 % für den Nördlichen Schwarzwald als Höchstsatz, der angenommen werden kann. Für den Kaltenbronn muss ich einen geringeren Satz annehmen, bes. auch, da manche ältere Hirsche auswandern und nie mehr wiederkommen.

2. Wir können auf keinen Fall als Kälberzuwachs 70% der Alttiere und Schmaltiere annehmen, sonst wäre unser Kahlwildstand in den letzten Jahren nicht so stark reduziert worden.

Es scheint mir, dass bei den vielen Treib- und Druckjagden in unweidmännischer Weise die führenden Tiere – die vordersten im Rudel!!! – abgeschossen werden. Es wird zu viel vom ***Kapital*** *abgenutzt, und der* ***Zins,*** *der Kälberzuwachs, wird von Jahr zu Jahr geringer. Ich halte daher dafür, ebenso wie Sie, dass nur ein Zuwachs an Kälbern von höchstens 50% in Rechnung gestellt werden kann.*

Ich hoffe, dass wir uns gelegentlich einmal persönlich über den Fall unterhalten können. Aus Zeitmangel konnte ich meinen Standpunkt nicht ausführlicher begründen.

Heil Hitler!

Unter Zeitmangel hatte Oberforstrat Keller dann nicht zu leiden, wenn es um ureigene jagdliche Interessen ging. Da das Forstamt Kaltenbronn auf der Badener Seite an die Gemeindejagden Reichental und Weisenbach grenzte, hatte er natürlich genügend Zeit sich Sachen und Personen anzunehmen, die ihm jagdlich ein Dorn im Auge waren, in Form der angrenzenden jagdlichen Ignoranten, sprich Pächter.

An den Landesjägermeister Karlsruhe
Rotwildabschuß Langenbrand – Weisenbach.

Wie ich schon in meinem Bericht vom 22.10.1939 bemerkte, ist der eine der beiden genehmigten, auf Gemarkung Langenbrand-Weisenbach von Herrn Steinlin erlegten, 2b-Hirsche ein ausgesprochener 2a-Hirsch, bzw. ein ganz junger, bestveranlagter Zwölfer, dessen Abschuss sehr bedauerlich ist und bei einiger Achtsamkeit und gutem Willen hätte vermieden werden können. Trotzdem stimme ich der vom Herrn Landesjägermeister beabsichtigten Abschusserhöhung um einen 2b-Hirsch zu, da der im Kanal erlegte Zwölfer **(Anm. Der Hirsch fiel wie das Jahr zuvor eine Rotte Sauen in einen tiefen Sägewerkskanal)** *auf die 2b-Hirsche angerechnet wurde und, wie ich höre, ziemlich viele Hirsche sich zurzeit in den unteren Lagen von Weisenbach aufhalten. Es sind dort geschützte, sonnige Lagen über den Reben, die den Hirschen bei der derzeitigen Kälte sehr zusagen.*

Das Kahlwild wird nach Erfüllung des ordentlichen Abschusses im Nördlichen Schwarzwald genügend verringert sein; nach meinen Beobachtungen auf dem Kaltenbronn ist beim Kahlwild eher Zurückhaltung in der Abschusserhöhung geboten als bei den Hirschen. Ich bin darum der Ansicht, dass eine Abschusserhöhung um **ein** *Stück Kahlwild für Langenbrand-Weisenbach vollauf genügt, besonders auch im Hinblick darauf, dass Rotwild in den unteren Lagen der genannten Genossenschaftsjagden überhaupt nur Wechselwild ist.*

Herr KJM Stephani zieht zu seinen jagdlichen Begutachtungen immer noch den Reichentaler Wildzaun heran und unterscheidet Flächen ober- und unterhalb des Zauns. Hierzu bemerke ich, dass diese Unterscheidung keine Berechtigung mehr hat: Der Reichentaler Wildzaun ist seit Jahren an vielen Stellen zerfallen und wird überhaupt nicht mehr in Ordnung gehalten. Seine Heranziehung zur Abschussfestsetzung ist daher nicht mehr begründet, da er in Wirklichkeit nicht mehr vorhanden ist.

Dass der zuständige KJM die von Herrn Steinlin beantragte Abschusserhöhung von 5 Stück Rotwild (2 Hirschen, 3 Stück Kahlwild) für zweckmäßig hält, finde ich erstaunlich! Sie würde bei einem genehmigten Gesamtabschuss von 9 Stück Rotwild 56 % betragen und eine große Begünstigung eines einzelnen Jagdreviers bedeuten. Ich bin überzeugt davon, dass nach Bekanntwerden einer solchen, vom KJM gutgeheißenen Abschusserhöhung die Pächter der Langenbrand-Weisenbach benachbarten Genossenschaftsjagden mit ebenso übertriebenen Anträgen vorstellig würden, denn die Rotwildverhältnisse sind zur Zeit in all diesen Revieren der tieferen Lagen die gleichen; durch den frühen Schneefall in den Höhenlagen und dem anhaltenden Ostwind hat sich das Wild in diesem Winter in die Süd- und Westhänge des Murgtals und in die tieferen Lagen gestellt, wo es in normalen Zeiten nur vereinzelt oder gar nicht steht. Der KJM muss diese Verhältnisse berücksichtigen und anführen, wenn er sichtlich übertriebene Anträge von Jagdpächtern dem Landesjagdamt vorlegt!

Der Zins war der Kälberzuwachs.

Im März 1940 wurde eine Rotwildzählung für das Land Baden durchgeführt.

Oberforstrat Keller wieder unter erheblichen Zeitdruck, nimmt Stellung:

Gernsbach, 28. Mai 1940

Mit ergebenstem Dank für die Kenntnisgabe der Rotwildstatistik des KJM Stephani, erlaube ich mir, infolge Arbeitsüberhäufung nur kurz Stellung zu nehmen:

Mit den allgemeinen Ausführungen bin ich fast durchweg einverstanden. Bei der Statistik selbst habe ich einige Bedenken.

Eine Ausdehnung der Rotwildbestände sowie eine Vergrößerung des Wildbestandes hat seit 1934 zweifellos stattgefunden. Doch scheint mir eine Zunahme des Rotwildes von 156 reichlich hoch. Insbesondere bezweifle ich sie im Kreis Bühl von 2,4 auf 4,7 Stück Rotwild auf 100 ha, und im Kreis Rastatt waren es im Jahre 1934 auf 25022 ha Fläche und ***niemals*** *6 Stück pro 100 ha vorhanden, ebensowenig im Jahr 1931, wo es auf 35 316 ha 6,3 Stück pro 100 ha waren.*

Auch bei den übrigen Jagdkreisen erscheint mir der Wildstand zu hoch angegeben. Wenn ich als Vergleich den Kaltenbronn heranziehe, so muss ich feststellen, dass der Sommerstand an Kälbern seit Jahren höchsten 6 Stück pro 100 erreicht; in allen anderen Revieren ist, wie ich behaupte, der Wildstand geringer, auch im Stadtwald Baden-Baden. Das meines Erachtens seit 1934 alljährlich unsinnig hohe Angaben darüber macht. Ist also der Kaltenbronn mit 6 Stück pro 100 ha Sommerstand das Maximum, so kann diese Zahl für die Gesamtfläche von 35 316 ha nicht als Durchnittszahl angegeben werden. Ich kenne Reviere im Murgtal, wo sich im Sommer vor der Brunft nur einige Hirsche herumtreiben, ohne aber Standwild zu sein. Das Kahlwild hält sich meist in den Höhenlagen auf, wo im September-Oktober auch der Brunftbetrieb stattfindet. Nach meiner Schätzung dürfte ein Sommerstand für den Kreis Rastatt von 4 Stück pro 100 ha, bezogen auf die Gesamtfläche von 33 316 ha, das Maximum sein. Im selben Verhältnis ist die Angabe von 4,7 Stück für den Jagdkreis Bühl zu reduzieren, wir kommen dann auf 2,7 Stück pro 100 ha bei einer Waldfläche von 10 816 ha.

Den Wildzählungen habe ich nicht getraut; ich bin überzeugt, dass ein guter Teil der Revierinhaber aus Unerfahrenheit, der Hauptteil aber wissentlich, falsche Angaben macht.

Das meiste Vertrauen habe ich noch zur Kälberzählung, hier werden die Gutwilligen und Unerfahrenen leichter zu schaffen haben, die Schinder und Schießer werden allerdings auch hierbei versagen. Diese wird aber ja wohl der KJM kennen; man sollte es wenigstens annehmen!

Die neueste Zählung vom März 1940 ist höchst zweifelhaft, da fast nirgends mehr Schnee lag. Für den Kaltenbronn habe ich eine Privatzählung (Druckjagd mit einigen Beamten und Gästen. Anm. Verfasser) von Anfang Januar heranziehen müssen, sonst hätte ich überhaupt keine Angaben machen können. Nach meinen Beobachtungen behaupte ich, dass der Stand an Kahlwild durch den Abschuss im Jagdjahr 1939/40 und falschen Abschuss in früheren Jahren, ferner durch Winterverluste herunter gegangen ist – er verträgt es vorerst noch –, und dass die Hirsche im ganzen Rotwildgebiet eine Zunahme erfahren haben, sodass wir einem Geschlechtsverhältnis von 1:1 nahe kommen. Bei der Abschussfestsetzung 1939/40 wird man diese Beobachtung berücksichtigen müssen.

Der Abschuss mit 90% für den Kreis Rastatt und von 79% für das ganze Rotwildgebiet ist durchaus befriedigend. Wo er nicht voll erreicht wurde, war er sicher aufgrund falscher Wildstandsangaben zu hoch festgesetzt.

Rotwild an der Fütterung.

Heute können wir im Nachhinein feststellen, dass es sich bei den Rotwildständen in Württemberg und Baden um Verhältnisse wie in Schottland gehandelt hat.

Lassen wir aber noch einmal den „Sultan“ von Wildbad, Revierjäger Rometsch, zu Wort kommen. Sein Schreiben an den Kreisjägermeister Böppele offenbart die Zustände im Waldbau.

Natürliche Äsung war knapp im zugefichteten Schwarzwald.

An den KJM Böppele

Nachdem der städtische Forstmeister den Erfordernissen der Jagd in keinster Weise nachkommt, sehe ich mich gezwungen Sie hierüber zu verständigen, und ersuche Anordnungen zu treffen, die dem Wildstand und auch gleichzeitig der Forstwirtschaft von Nutzen sind.

Die Stadtgemeinde Wildbad hat eine Jagdfläche von 1700 ha. Im ganzen Jagdgebiet hat das Wild nirgends die Möglichkeit zu einer ausreichenden Äsung. Die Wiesen, die um die Stadt herumliegen, sind zu 90% abgezäunt. Die ungeheuren Fichtenkulturen, die der Hauptbestand des Waldes sind, bieten nicht genügend Äsung. Wo soll nun das Wild seine Äsung finden?

Der städtische Forstmeister hat es abgelehnt 3 ha Wildäsungsflächen anzulegen, weil dies nicht notwendig sei. Er stellte dieser Ablehnung folgende Begründung klar gegenüber, die seine Einstellung klar kennzeichnet. Durch die Anlegung von Wildäckern wird noch mehr Wild herangezogen und Schaden dadurch noch erhöht!!! Die klare Tatsache ist aber, gibt man dem Wild ausreichend Nahrung, richtet es bei weitem weniger Schaden an, den es gezwungener Maßen anrichten muss, da es keine Möglichkeit hat Nahrung zu finden, die es für seine Erhaltung braucht.

Das war die Bemerkung eines städtischen Försters, der weit mehr Verständnis zu haben scheint als sein Vorgesetzter.

Ich habe mir auch schon Gedanken gemacht, dass das Wild gezwungen ist, Schaden am Wald anzurichten, da ihm jede Möglichkeit einer Äsung fehlt. Wessen Geisteskind der städtische Forstmeister ist, beweist sein im Jahr 1930 beim früheren Bürgermeister gestellter Antrag, man solle das Wild überhaupt ausrotten, da es der Stadt einen ungeheuren Schaden anrichtet.

Die Äußerung des Forstmeisters über die Anlegung von Wildäckern, dass wenn er nur eine 1/2 Stunde mit dem Kreisjägermeister spräche, er den Kreisjägermeister von seiner Ansicht überzeugt habe (IDIOTENANSICHT!!!!).

Was nun die Kosten für die Anlegung der Wildäcker anbetrifft, besitze ich so viel Verständnis, dass dies nicht auf einmal geschehen kann, sondern dass diese in drei Jahresetappen durchgeführt werden könnte.

Die Stadtgemeinde erhält durch diese Anlegung von Wildäckern einen Wertzuwachs der Jagd. Deshalb soll die Anlegung der Fläche in ihrem Kostenaufwand wie folgt verteilt werden. Die Stadt trägt die Kosten für die Rohanlage, d. h. die Kosten für die Rodung und Säuberung von Stumpen und gröbstem Gestein. Der Jagdpächter trägt die Kosten der Anpflanzung und der Düngung der Flächen und hat dafür Sorge zu tragen, dass genügend Äsung für das Wild wächst.

Der städtische Forstmeister hat es abgelehnt, auf den von mir verlangten Plätzen die Wildäcker anzulegen. Er bezeichnete einen 500 Meter vom Sommerberg Hotel gelegenen Spielplatz, der ja auch in früherer Zeit den Namen Wildacker getragen hatte. Auf diesen Platz kommt aber seit Jahr und Tag kein Reh- geschweige denn Hochwild.

Gez. Rometsch, Revierjäger

Charakterisierend für die Jagd im Dritten Reich ist auch allerorts die starke Fütterung in allen Rotwildgebieten, so auch im Nördlichen Schwarzwald. Durch Artikel in der damaligen Jagdpresse, in „Wild und Hund", „Deutscher Jäger" etc. wird über die Sesamkuchenfütterung im Gatter Schneeberg euphorisch berichtet, und so versuchte man ebenfalls mit einer verstärkten Fütterung die Geweihtrophik zu steigern.

Das Großherzogliche Hofjagd-Revier Kaltenbronn hatte schon immer Futtermittel zugekauft, wie die Rechnungen der Hofkammer belegen. Dies geschah aber eher im bescheidenen Maße und lässt sich mit der abgelegenen Lage und der schlechten Verkehrsanbindung erklären. Die Futterkastanien bildeten bis zum Beginn der 30er Jahre das eigentliche Kraftfutter. Sie waren in der Regel ab Weihnachten verfüttert und so blieben Heu und gelegentlich Futterrüben übrig, dic in geringen Mengen bis ins Frühjahr verfüttert wurden, sofern man bei hoher Schneelage überhaupt Außendienst verrichten konnte.

Futterkastanien waren nicht immer einfach zu beschaffen. Neben Missernte und Lagerschäden durch Feuchtigkeit war menschliches Fehlverhalten manchmal der Grund, so schreibt das badische Forstamt Rastatt im Oktober 1931 an das Großh. Forstamt Kaltenbronn:

Bis 1943 wurde das Rotwild noch gefüttert.

Rosskastanien aus Schloss Favorite

Wir bedauern außerordentlich dortigen Amts mit einer weiteren Lieferung in obigen Betreff mit dem besten Willen nicht dienen zu können. Wie wohl am Sonntag, den 18. ds. Mts. Schlossverwalter Gartner und insbesondere Forstwirt Mink dem dortigen Herrn Dienstvorstand persönlich berichtet haben, hatten Kuppenheimer Sammler dem FWT. Mink versprochen, nicht nur die Favoriter Rosskastanien zu sammeln, sondern auch solche aus der Nachbarschaft. Es hat sich nun dieser Tage erst herausgestellt, dass diese Sammler nicht nur ihre Zusage gebrochen haben, sondern auch beträchtliche Mengen der Favoriter Kastanien nicht an Mink sondern an einen Kuppenheimer (?) Händler abgeliefert haben, wodurch die von Mink an Gärtner und von diesen an ihr Amt angesagte geschätzte Liefermenge nicht eingehalten werden konnte. Wegen der unterschlagenen Rosskastanien aus Favorite wird unsererseits Strafverfolgung betrieben werden. Wenn unser Amt in dieser uns immerhin sehr peinlichen Sache auch kein Verschulden trifft, so hätten wir schon in Anbetracht unserer langjährigen Lieferungen gerne mit entsprechender Nachlieferung gedient, doch konnten wir keine Lieferanten ausfindig machen.

Aufgrund dieses Ärgernisses erhielt die Fa. Edmund Dietz Großhandel in Landeserzeugnissen aus München fortan den Zuschlag der Hofkammer bei den Futtermittel-Lieferungen.

Am 19. September 1936 schreibt Edmund Dietz an das Forstamt Kaltenbronn:

Euer Hochwohl geboren

Ich bitte Sie ergebenst, mir auch heute wieder Ihren Bedarf in KASTANIEN; EICHELN und SESAMKUCHEN zur WILDFÜTTERUNG bekanntzugeben, unter der Angabe der Menge und der Empfangsstation. Ich werde hierauf mit Beginn der Ernte, etwa in 14 Tagen, um welche Zeit sich der Preis für diese Artikel bildet, ein günstiges und für Sie unverbindliches Angebot zusenden.

Ob die zur Wildfütterung so beliebten Sesamkuchen auch heuer zur Verfügung stehen, ist im Augenblick noch unbestimmt. Bekanntlich ist die Verfütterung ölhaltiger Futtermittel wie Sesamkuchen an Wild vorläufig gesperrt. Die Entscheidung auf ein diesbezügliches Gesuch meiner Firma, im Einvernehmen mit dem Herrn Landesjägermeister bei den Reichstellen, ist noch abzuwarten. Für den Fall, dass von den Reichstellen Sesamkuchen zur Verfütterung an Wild genehmigt und zur Verfügung gestellt werden, kann ich Sie auch heuer wieder mit Sesamkuchen beliefern.

Mit Weidmannsheil EDMUND DIETZ

Der Sesamkuchen, für dessen Ankauf teure sehr knappe Devisen benötigt wurden, blieb in erster Linie den Leibrevieren des Reichsjägermeisters und seiner Günstlinge vorbehalten, wo er bis in das 1. Kriegsjahr in verschwenderischer Weise dem Wild vorgelegt wurde.

Trotzdem erhielt das Forstamt Kaltenbronn noch eine Lieferung von 1 Tonne.

1938 kam das endgültige Aus. Edmund Dietz lässt am 28.9.1938 verlauten:

Da die zur Wildfütterung beliebten Sesamkuchen für diesen Zweck nicht mehr verkauft werden dürfen und auch andere Kraftfuttermittel kaum zur Verfügung stehen, empfehle ich Ihnen, sich genügend mit Kastanien und Eicheln zu versorgen.

Der NS-Staatshaushalt war durch die riesigen Rüstungsausgaben und die andauernde Gelddruckerei derart in Schieflage gekommen, dass nun ein Krieg und Kriegsbeute Abhilfe schaffen konnte.

Für viele Jäger kam nun die Einberufung, nur ein paar Tage Heimaturlaub machten die Anwesenheit im geliebten Jagdrevier möglich.

Doch zunächst kam Siegesmeldung auf Siegesmeldung, Blitzkrieg sei dank. Eroberte Gebiete wurden auch jagdlich dem Reich einverleibt und so schreibt Forstmeister Rilling vom Forstamt Molsheim im benachbarten Elsass dem u. k. gestellten Oberforstrat Keller in Gernsbach.

29. Mai 1942

Lieber Keller!

Ich habe im Elsass die rund 4500 ha große staatliche Verwaltungsjagd zu betreuen, welche dem Reichsstatthalter (Wagner) zu seiner persönlichen Verfügung steht. Ich bin zurzeit dabei, Hochsitze, Pirschpfade, Futterstellen usw. anzulegen und soll auf Weisung des Herrn Landesjägermeisters mit meinem besten Els. Rev. Förster diese Anlage bei Dir, sowie sonstiges für die Einrichtung einer Rotwildjagd Wissenswertes, ansehen und besprechen. Ich beabsichtige daher in nächster Zeit zusammen mit Rev. Förster Doer Dich etwa 2 Tage zu besuchen und bitte mitzuteilen, wann Dir dieser Besuch am Passendsten liegen würde.

Da ich mit meinen 3 Forstämtern und sonstigen Sonderaufträgen stark belastet bin, wäre mir ein Besuch am Wochenende am Sympathischsten, um nicht viel Zeit zu verlieren.

Für Besorgung der Unterkunft für mich und den Betriebsbeamten wäre ich Dir dankbar.

Mit besten Grüßen von Haus zu Haus.

Bewährten Kriegsteilnehmern winkten Hirschabschüsse, vor allen denen, die in der Luftwaffe ihren Dienst taten.

Der Landesjägermeister für Baden, *21. September 1942*

Hirschabschuss Sasbachwalden

Herrn Heinrich Bierbrodt, Karlsruhe.

Es wird hiermit bestimmt, dass im gemeinschaftlichen Jagdbezirk Sasbachwalden ein 1a Hirsch zum Abschuss durch den Flieger Obersten Galland freigegeben ist.

Der vollzogene Abschuss ist hierher mitzuteilen.

Nicht nur Hirschabschüsse boten dem heimatbeurlaubten Soldaten und Jäger Kurzweil, insbesondere frönte man im Frühjahr der Jagd auf den Urhahn.

Hahnenbalz am Kaltenbronn

Der Hofmarschall
Ihrer Königlichen Hoheit
der Großherzogin Hilda
Freiburg i. Breisgau 30.3.1943

Sehr geehrter Oberforstrat!

Mein ältester Sohn Werner, der am 3.3.1943 heiratete, ist zurzeit in Berlin zu einem 2- bis 3-monatigen Generalstabskurs kommandiert. An Ostern werden die Kursteilnehmer wohl einige Tage Urlaub erhalten, da der Dienst sehr anstrengend ist.

Ihre königliche Hoheit, die Großherzogin, hat nun ihn und seine junge Frau eingeladen, auf den Kaltenbronn zu kommen und, wenn die Auerhähne etwa schon balzen sollten, einen zu schießen. Es könnte ja möglich sein, dass die Balz dieses Jahr, wo alles in der Natur früher ist, schon Ende April beginnt, das junge Paar ist eingeladen, im Rasthaus zu wohnen.

Herrn Oberfinanzrat Schuhmann werde ich auch davon Mitteilung machen. Ich wäre Ihnen nun sehr dankbar, wenn Sie mir mitteilen wollten, ob Sie u. U. meinen Sohn und seine Frau an den Ostertagen von Gernsbach auf den Kaltenbronn und wieder zurück fahren können. Über Antritt und Dauer des Urlaubs weiß ich noch nichts Genaues.

Nennen Sie bitte auch ein Hotel in Rastatt, in dem übernachtet werden könnte, falls das Paar mit einem Abendzug in Rastatt ankäme. Hoffentlich haben Sie gute Nachrichten von ihrem Sohn. Mein Jüngster stand bei Raschew, die Front ist aber dort unterdessen zurückgenommen worden, was gut gelang, da die Schlammperiode noch nicht eingesetzt hatte.

Ihrer Frau Gemahlin bitte meine besten Empfehlungen auszurichten.

Mit freundlichen Gruß und Weidmannsheil

Am 06.04.1943 schreibt die Vermögensverwaltung der Grosherzogin an das Forstamt Kaltenbronn:

Auerhahnenbalz betreffend, Nr. 427
Wie ich von verschiedenen Seiten höre, haben die Hahnen dieses Jahr verhältnismäßig früh mit der Balz begonnen. Ich sehe einem Bericht darüber entgegen, wie es auf dem Kaltenbronn steht.

Wie viel Hahnen abgeschossen werden können, und ob dort bezüglich des Personals ein Antrag gestellt wird.

Antwort vom Forstamt am 9.4.43:

Unsere Hahnen balzen noch nicht. Seit gestern ist der Kaltenbronn tief verschneit. Heute Morgen betrug die Schneehöhe 25 cm.

Ich nehme an, dass wir 5 Hahnen unbedenklich abschießen können. Bezüglich des Personals wird kein Antrag gestellt.

Am 16.April 1943 trifft das Einverständnis der Vermögensverwaltung der Großherzogin schriftlich in Gernsbach ein.

Hahnenbalz betreffend, Nr. 473
Ihre Königliche Hoheit die Großherzogin hat mich in der Angelegenheit bereits verständigt.

Am 18. Antwort vom Forstamt.

Hahnenbalz.
Die Hahnen balzen auf sämtlichen Balzplätzen. Hauptmann v. Schönau kommt nicht, wie mir gestern sein Vater schrieb. Letzterer sowie der Markgraf haben sich angemeldet. Ich empfehle beiden die Tage nach Ostern.
Der Markgraf kam nicht, eine alte Wunde fesselte Ihn ans Bett.

In den letzten Kriegsjahren 1944/45 konnten die Abschusspläne für Reh- und Rotwild selten erfüllt werden, die Pächter und Betriebsbeamten standen im Feld und immer jüngere Jahrgänge Wehrfähiger wurden eingezogen. Jagdpacht-Verträge, die in diesen Jahren ausliefen, konnten auf Erlass einer Verordnung des Reichsjagdamtes vom 10.01.1941 verlängert werden. Man glaubte immer noch an den Endsieg. Ein Schreiben der Gemeinde Höfen an den KJM in Calw zeigt beispielhaft, dass viele Pächter trotz der Kriegslage regen Gebrauch davon machten.

Der Jagdpachtvertrag mit dem Fabrikanten Commerell endet am 31.3.1944.

Der Pächter hat nun mit Schreiben vom 18. d. M. erklärt, dass er gemäß Verordnung vom 10. Januar 1941 die Fortdauer seines Jagdpachtvertrages bis zum 31. März desjenigen Jahres verlange, das auf das Jahr der Beendigung des Krieges folgt.

Der Antrag ist fristgerecht gestellt, die Pachtfortdauer trifft Kraft Gesetzes ein.

Der Bürgermeister

Doch nicht alle Verpächter waren mit ihren Jagdpächtern einverstanden, so zum Beispiel die Gemeinde Würzbach, die dem Pächter der Gemeindejagd Michael Burkhardt, Bäcker und Kolonialwarenhändler, geboren am 12. Mai 1885, noch in den letzten Kriegstagen das Leben äußerst schwer machte.

Körperlich harte Waldarbeit, wie man es sich heute kaum noch vorstellen mag.

Polizeiliche Strafverfügung wegen nicht vollständiger Führung der Abschussliste für Schalenwild.

Die Waldgemeinde Würzbach im Landkreis Calw liegt am Rande des Nördlichen Schwarzwaldes auf der Enz-Nagoldplatte, tangiert mit ihrem Waldbesitz in den Hanglagen des Kleinenztales auch große Staatswaldungen, wie den Wildbader Meistern, den Heerscharen von Rotwild zu Ende des Krieges bevölkerten. Neben dem Genossenschaftswald in den Hanglagen, der in Form des bäuerlichen Plenterwaldes bewirtschaftet wurde und wird, befinden sich auf der Ebene der sogenannten Enz/Nagoldplatte bäuerliche Felder und Äcker, die damals noch in der 3-Felder-Wirtschaft bewirtschaftet wurden.

Im Wald herrschte die Streunutzung wie in fast allen Schwarzwaldgemeinden der damaligen Zeit vor.

Der durch Streunutzung entstandene saure Boden, und jahrhundertealter Vieheintrieb hatten ein lichtes Waldbild mit Kieferüberhältern entstehen lassen, von dem die Heidelbeere sehr profitierte. So entstand durch Menschenhand ein hervorragendes Auerwildbiotop. Die Herzöge von Württemberg kamen gerne zur Hahnenbalz. Die Fichtenreinwirtschaft hatte aber zu Beginn des 20. Jahrhunderts Einzug gehalten, versprach sie doch dem Waldbesitzer in relativ kurzer Umtriebszeit ordentlichen Profit.

In der Dickungsphase bietet die Fichtenreinwirtschaft flächendeckend Wildeinstände, sie sind anschließend aber wie fast jede Reinkultur durch das Rotwild schälgefährdet.

Im Dritten Reich drückte der angeschwollene Rotwildbestand des Nördlichen Schwarzwaldes mit aller Macht von den Kernrevieren nach außen, so auch in die Waldungen der Gemeinde Würzbach.

Und so kam es, dass durch Zeugnis des Gendameriemeisters Lässle der Pächter Burkhardt bereits am 18. Oktober 1943 mit Strafliste 1071 zu 10,- Reichsmark oder 2 Tagen Haft wegen Nichtführung der Abschussliste vom 3.8.1943 bis 14.9.1943 verdonnert wurde. Er hatte offenbar Schalenwild heimlich erlegt, um es nicht offiziell zu vermarkten oder besser gesagt aufgrund der Kriegslage abgeben zu müssen.

Das war dem Bürgermeister der Gemeinde ein Dorn im Auge, auch die Klagen der Bauern und Waldbesitzer über zunehmende

Wildschäden führten zur Beschwerde über den Pächter Burkhardt bei den vorgesetzten Dienststellen.

So sieht sich der KJM gezwungen, auf massiven Druck des Bürgermeisters, den Pächter Anfang 1944 anzuschreiben.

Betreff. Jagd in Würzbach

Die Gemeinde Würzbach führt wiederholt Klage wegen Wildschaden und begründet diese Klage damit, dass Sie aufgrund Ihres gesundheitlichen Zustandes nicht mehr in der Lage seien, die Jagd ordnungsgemäß und den Vorschriften entsprechend auszuüben. Ich mache Sie darauf aufmerksam, dass Sie die Belange der Land- und Forstwirtschaft in jeder Weise aber insbesondere durch Abschuss von Schalenwild (Rot-, Reh-, Schwarzwild) zu wahren haben. Bis jetzt ist mir ein Abschuss von Rotwild aufgrund des bestehenden Abschussplans nicht gemeldet worden, auch sind Sie mit dem Abschuss von Rehwild im Rückstand. Was das Schwarzwild anbelangt, ist mit allen zur Verfügung stehenden Mitteln durchzugreifen. Falls sie aus gesundheitlichen Gründen hierzu nicht mehr in der Lage sind, ersuche ich Sie, mir unverzüglich Meldung zu machen, damit ich weitere Maßnahmen zur Durchführung des Abschusses ergreifen kann.

Ich sehe Ihrer Äußerung binnen einer Frist von 8 Tagen entgegen.

Pächter Burkhardt bedeutet in seiner Antwort dem KJM, dass die Jagd kriegsbedingt nicht einfach sei, dass Rotwild sich nur in der Nacht auf die Felder getraute, dort Schaden mache, und wieder verschwinde, gesundheitlich könne er die Jagd ausüben und zwar solange der Jagdpachtvertrag laufe, Vertrag sei eben Vertrag.

Der Bürgermeister gab nicht nach und wendet sich am 27. Oktober 1944 erneut an den Kreisjägermeister.

Abschuss von schadenstiftenden Hochwild.

Da von dem Pächter der hiesigen Gemeindejagd bis jetzt keine Maßnahmen zur Verhütung des Wildschadens an Feld- und Waldkulturen getroffen worden sind, wird von hier aus ersucht, Abhilfe in diesen Falle zu schaffen. Es trifft in diesem Falle

Reichsjagdgesetz § 42 Ziff. 2, denn trotz öfterer Mahnung wurde in diesem Falle nichts unternommen. In der Gemeinde besteht die Ansicht, dass der Pächter: Michael Burkhardt, in Folge seiner Gesundheit und des Alters (Anmer. Burkhardt war 62 Jahre alt) nicht mehr in der Lage sei, das große Revier ordnungsgemäß zu bejagen.

Eine Aufhebung des Vertrages wird wohl nicht zu umgehen sein, da die Gemeinde nicht gewillt ist, Wildschaden zu bezahlen.

Da aber Pächter Burkhardt einen kriegswichtigen Beruf in Form des Bäckerhandwerks ausübte und deshalb einen sehr guten Leumund hatte, verlief das Ansinnen der Gemeinde im Sande.

Am 9. Januar des Kriegsjahres 1945 entschloss sich aber das Bürgermeisteramt erneut in dieser so wichtigen Sache vorstellig zu werden.

An den KJM Meyle wegen Wildschaden:

Bezugnehmend auf Ihr Schreiben den Leumund des Pächters Burghardts betreffend, kann von unserer Seite nur gesagt werden, dass er die Belange eines Pächters wie es heute sein soll unter gar keinen Umständen erfüllt. Burkhardt kommt dem Abschuss schadenstiftendem Wildes in keiner Weise nach, denn der Schaden an den (Fichten) Kulturen ist größer als all einmal. Bis jetzt wurde soviel hier bekannt ist, nicht das im Abschussplan enthaltene, noch weniger das freigegebene Hochwild abgeschossen und es ist daraus zu ersehen, dass Burkhardt seinen Verpflichtungen nicht nachkommt.

Wir sind schon beim Forstamt vorstellig geworden, dass das Holzeinschlagsoll gekürzt werden soll, da ein großer Teil der Bestände vom Wild fast erledigt worden ist. Es sollte nicht nur das freigegebene Wild abgeschossen werden, sondern tatsächlich das Wild, das den Schaden verursacht und das sind die großen Hirsche, die auf alle Fälle abgeschossen werden müssen, ansonsten in diesem Falle keine Ruhe eintritt. Wir erinnern an den Erlass des Reichjägermeisters (Görings letzter Erlass)*, welcher in letzter Zeit erschienen ist, welcher lautet: dass der ganze Abschuss erfüllt werden muss und unter keinen Umständen Schaden geduldet werden könne. Nach dieser Verfügung und in der heutigen Zeit haben sich die Pächter zu richten und nicht nach Verfügungen, welche durch andere Organisationen getroffen werden, welche für den Verpächter bzw. Jagdgenossenschaft nicht tragbar sind.*

Wir bitten deshalb alles zu unternehmen, damit dem Schaden abgeholfen wird, denn letzten Endes ist die Gemeinde immer noch Eigentümer der Jagd und der Grundstücke und hat die Jagd nicht verpachtet, um noch auf den Pacht Geld drauf zu legen wie es dieses Jahr war, sondern die Jagd wurde verpachtet, damit an den Feld- und Waldkulturen kein Schaden entsteht. Sollte ein Pächter nicht in der Lage sein, den Schaden fernzuhalten, so ist er auch nicht in der Lage, die Jagd auszuüben, wie es heute normalerweise verlangt wird.

In der heutigen Zeit kann es nicht verlangt werden, dass zum Vergnügen eines kleinen Personenkreises, die ganze Gemeinde Schaden erleidet, und es kann auch nicht verantwortet werden, dass diejenigen die das ganze Jahr die Grundstücke bewirtschaften, keinen Verdienst mehr heraus erwirtschaften und ihnen von keiner Seite mehr Hilfe zu Teil wird. Der Herr Kreisjägermeister wird dahingehend ersucht, unter allen Umständen zu veranlassen, dass alles schadenstiftende Wild abgeschossen wird, denn wir haben die feste Überzeugung, dass das passiert wenn wir gerichtlich dagegen vorgehen und erklären, dass wir deshalb unseren Verpflichtungen nicht mehr nachkommen können, weil unsere Waldungen durch das Wild ruiniert werden. Wir sind jederzeit bereit, sämtliche geschädigte Stellen in der Gemeinde und im Privatwald vorzuzeigen.

Heil Hitler!

Ganz allmählich rückte das Kriegsgeschehen auf den Schwarzwald zu, auf den Kaltenbronn und den Sommerberg bei Wildbad. Nach der Landung der Alliierten in der Normandie am 6. Juni und dem Attentat auf Hitler am 20. Juli 1944, spitzte sich die Kriegslage entscheidend zu. Durch die Luftangriffe mit Spreng- und Brandbomben am 14. September auf Stuttgart und am 23. Februar 1945 auf Pforzheim war plötzlich der Krieg auch in Württemberg und in Baden. Der Schwarzwald sollte zur letzten Bastion gegen die anrückenden Alliierten werden, doch der Schwarzwald hatte Glück im Unglück, die Bevölkerung in kleinen Städtchen und Dörfern wurde verschont. Hitler, ständig unter stimmungsaufhellenden Drogen stehend und dem Größenwahn verfallen, war nicht mehr in der Lage real zu denken. Im Gegenteil, er war im Glauben, wenn er nur dem Feind in einer einzig groß angelegen Offensive empfindliche Schläge zu versetzen in der Lage wäre, würden die Alliierten-Armeen von alleine zusammenbrechen, ein fataler Entschluss.

Da Hitler seit dem Attentat in der Wolfsschanze seinen meisten Generäle nicht mehr traute, übergab er mit Beginn der Ardennen-Offensive dem Reichsführer SS Heinrich Himmler den Oberfehl über die Heeresgruppe „Oberrhein“. Sie sollte die Offensive unterstützen und über das Elsass zum Entsatz vorstoßen. Im Dezember rollte der Sonderzug Himmlers auf einem Bahnhof der Schwarzwaldbahn ein, um von hier aus das Oberkommando zu führen, die meiste Zeit wurde der Zug in einem Tunnel versteckt, um den allgegenwärtigen Tieffliegern kein Ziel zu bieten. Himmler, der keinerlei militärische Kenntnisse hatte, war mit der Situation überfordert, zwar hatte er im 1. Weltkrieg 1918 noch eine Offiziersschule besucht, musste jedoch diese ohne Abschluss bei Kriegsende verlassen, und begann ein Studium der Landwirtschaft, das er als Diplom Landwirt 1922 abschließen konnte. Einige Jahre arbeitet er als Laborant in einer Düngemittelfabrik. Am 24. Januar 1945 bekam er von Hitler auch das Kommando über die Heeresgruppe Weichsel, die aus Teilen der Heeresgruppe Oberrhein und anderen Verbänden bunt zusammengewürfelt war. Am 24. März gab Himmler den Oberbefehl wieder ab, und flüchtete in Richtung Lübeck.

Im April stießen französische Truppen unterstützt von marokkanischen Einheiten Richtung Schwarzwald vor. Nennenswerten Widerstand hatten sie keinen mehr zu fürchten, hier und da versprengte Waffen-SS oder sich in Auflösung befindliche Verbände der Wehrmacht.

Hier zwei Augenzeugen-Berichte:
Vor dem Dorf Sprollenhaus hat sich im Wald eine Volksturmabteilung verschanzt, die von einem kaum zwanzigjährigen SS-Sturmbannführer befehligt wurde, zwei 17-jährige Hitler-Jungen sollten mit einer Panzerfaust und zwei 98ern dem herannahenden Feind hinter einem Misthaufen verschanzt Paroli bieten. In einem unbeobachteten Moment warfen sie ihre Waffen in den Misthaufen und machten sich aus dem Staub, die letzten Meter vor dem heimatlichen Bauernhof gingen sie ein Stück auf der Landstraße, als plötzlich ein Motorrad mit Seitenwagen aus einem Waldweg auf sie zuraste, es war der 3 Jahre ältere SS-Kommandant, er nahm die Buben gefangen und erschoss beide mit Genickschüssen aus seiner Dienstpistole wegen Fahnenflucht.

Himmler beging am 23. Mai 1945 in Lüneburg in der britischen Gefangenschaft Selbstmord, wie Wilhelm Murr entzog er sich mit dem Schlucken einer Zyankalikapsel seiner Verantwortung.

Die Geschehnisse der ersten Maitage schildert ein Augenzeuge aus Enzklösterle:
In den Auwiesen der Enz bei Enzklösterle in Richtung Wildbad stand eine kleine Zeltstadt. Marokkanische Truppen hatten sich hier niedergelassen, wir Kinder durften uns zu Anfang ihnen nicht nähern, doch war unsere Neugier so groß, dass wir uns täglich bei den Zelten aufhielten. Jeden Abend und Morgen hörten wir das Trommeln der Berber, auch sahen wir zum ersten Mal in unserem Leben Soldaten auf Kamelen. Nach 14 Tagen wurde ich mit meinem Vater von einem französischen Offizier angewiesen, tote deutsche Soldaten zu beerdigen. Mit einem Handkarren zogen wir von Enzklösterle Richtung Gernsbach auf dem Höhenrücken beim Kaltenbronn in der Nähe des Kegeltals, dort sollten wir die Soldaten bergen. Nach einigem Suchen fanden wir am Diebstich die deutsche Stellung, ein Geschütz samt Munition war noch da, und unter einer Plane bei einer Tanne lagen 4 deutsche Soldaten. Sie waren im Schlaf erschossen worden, wir haben sie dann auf den Friedhof nach Reichental gebracht. Es war ein langer Winter gewesen, sodass die Kälte, die noch herrschte, die Leichen konserviert hat. 3 Wochen später fanden wir im Tal noch einmal einen deutsche Soldaten, wir waren Viehfutter mähen gewesen, es war sehr warm und es herrschte Ostwind als wir auf dem Heimweg Verwesungsgeruch rochen. Mein Vater sagte uns Kindern, wir sollten auf dem Weg bleiben, er ginge schauen was da so streng roch. 15 Meter oberhalb des Weges saß unter einer mächtigen Fichte zusammen gekauert ein Soldat, den Kopf auf die Brust gesenkt. Als mein Vater ihn mit einem Stock berührte, stieben tausende von Fleischfliegen in die Luft. Der Soldat war in einen Luftwaffenmantel gehüllt, weiter oberhalb in eine Erdmulde lag ein Maschinengewehr mit Munitionsbändern. In die Stellung musste mit einer Mörsergranate geschossen worden sein, der Mann hatte Splitter in den Bauch bekommen und war dann verblutet, mein Vater konnte anhand der Papiere feststellen, dass der Mann Sixt hieß und aus Hamburg stammte, mein Vater brachte ihn dann am nächsten Tag mit einigen Helfern auf den Friedhof nach Reichental wo er in einem Soldaten-Grab beerdigt wurde.

Jagd in der Stunde Null

Wie wir bereits erfahren haben, stießen die Alliierten und die auf den Schwarzwald vorgerückten Franzosen auf keinen nennenswerten Widerstand.

Die Hofjagd am Kaltenbronn und die angrenzenden Jagden wurden von den französischen Siegern sofort beansprucht.

Bereits im Herbst 1945 setzte wieder ein Jagdbetrieb ein, wenn auch unter französischer Herrschaft.

Im Sommer 1946 wurden Einlagerungskartoffeln, Rüben und Heu geordert und von einem Bauern im Landkreis Freudenstadt geliefert. In der Französischen Zone war der Hunger der Bevölkerung besonders groß, sie dürfte aber von der Aktion nichts mitbekommen haben.

Die Revierförster die den Krieg überlebten oder bereits vorher wieder auf ihren Revieren Dienst versahen, wurden per Fragebogen der peinlichst genau auszufüllen war über die jagdlichen Verhältnisse der von ihnen betreuten Reviere befragt.

Wie hoch war der Rehwildstand? Wie viel Rotwild war vorhanden?

Die Franzosen begannen bereits im Herbst 1946 wieder mit der Fütterung am Kaltenbronn.

Wo waren Hochsitze? Wo waren die Brunftplätze? Dem neuen Jagdherren, dem Oberkommandierenden General König, war dies überaus wichtig.

In Frankreich gab es auch Wild, aber hier gab es Hirsche und Auerhahnen!

Am 15. Oktober 1946 ging die erste Streckenmeldung vom Kalternbronn in Gernsbach ein:

Dienstbezirk Kaltenbronn	*im Juli*	*Nichts!*
	5.10.46	*1 Knopfspießer*
		1 Alttier
		1 Schmaltier
	September	*Nichts!*
	27.8.46	*1 Kronenzehner*
Dienstbezirk Brotenau	*Mai*	*4 Auerhahnen*
u. Dürreich	*Juli, August, September*	*Nichts!*
	25.10.46	*1 Zwölfer*
	25.10.46	*1 Achter*
		1 Achter
		1 Schmaltier
		1 Wildkalb
Dienstbezirk Rombach	*27.8.46*	*1 Rehbock*
Dienstbezirk Gernstberg	*11.6.46*	*1 Rehbock*

Erleger waren französische Offiziere. Erlegt wurde vom Hochsitz aus und auf Treibjagden.

Im Januar 1946 meldet sich die Fa. Max Haitz & Co beim Forstamt:

Wir sind seit Jahren regelmäßiger Käufer jeden Quantums ***Eichelhäherflügel, Fasanenschweif- und Körperfedern, Elsternflügel, Wildentenflügel*** *und bitten um Zusendung. Die Waren müssen trocken und mottenfrei, die Flügel komplett sein. Wir rechnen stets sofort nach Eingang zu Tagespreisen ab und überweisen den Betrag gleichzeitig.*

Hochachtungsvoll Max Heitz Ruhpolding

Im Frühjahr 1947 meldet der Kaltenbronn dem Jagdbüro des Generals König, dass 60 Stück Rotwild davon 24 Hirsche (7 jagdbare,13 geringe), 41 Rehe, davon 14 Rehböcke (6 jagdbare und 8 geringe) und 3 Auerhahnen zum Abschuss bereit stehen.

Am 3. Mai meldet Revierförster Schultheiss Rombach an das Forstamt in Kaltenbronn:
Am 28. April morgens 5 Uhr 45 Minuten hat in Abt. I 94 ein englischer Oberst einen Auerhahn abgeschossen. Gewicht des Hahnes 7 Pfund. Die Hahnen balzen noch anhaltend gut.

Eine Wildart, die bis dato kaum ins Gewicht fiel, war das Schwarzwild. Aus der Rheinebene kommend hatten sich die Sauen aufgrund mangelnder Bejagung enorm vermehrt, die Wildschweinplage setzte den Bauern arg zu. Die Französische Besatzung und die entwaffneten deutschen Jäger waren machtlos.

Die Landesforstverwaltung in Baden war daher der Meinung, dass eine durchgreifende Verminderung der Schwarzwildbestände nur auf der Einzeljagd – im Pirschgang und Ansitz – in Verbindung mit Treibjagden unter weitestgehender Ausnutzung von Spurschnee zu erreichen ist, wozu bewährte und revierkundige, mit geeigneten Waffen ausgerüstete deutsche Jäger in ausreichender Zahl heranzuziehen sind. Auch hatte man erst ein paar Jahre zuvor den Franzosen in Frankreich unter deutscher Besatzung gezeigt, wie man erfolgreich auf Sauen jagt.

Die Bekämpfung der Wildschweinplage in Frankreich 1941 bis 1944

Es dürfte wohl nicht ohne Interesse sein, an dieser Stelle darzulegen, wie während der Deutschen Besetzung die auch in Frankreich aufgetretene Wildschweinplage von den Deutschen bekämpft worden ist.

Es wurde dort auf eine alte französische Einrichtung zurückgegriffen, nämlich auf die „Lieutenants de Louveteri", die sogenannten Wolfsleutnants, welche für die Schadwildbekämpfung zuständig waren und von denen in jedem Departement einer oder einige ansässig waren. Zur Wildschweinbekämpfung erhielten diese selbst ein Gewehr und zudem noch 12 bis 15 weitere Gewehre, welche für die französischen Treibjagden-Teilnehmer bestimmt waren. Sie mussten jeweils nach Beendigung der Jagd an den Lieutnant de Louveterie wieder abgeliefert werden. Ferner wurden französischen Einzeljägern unter gewissen Sicherheitsvoraussetzungen Waffen samt Munition für die Schwarzwildbekämpfung zur Verfügung gestellt.

Jedes zweite Wildschwein, das auf der Einzeljagd erlegt worden war, gehörte dem französischen Schützen. So wurde beispielsweise im Departement Cote d'or 9 Lieutenants de Louveterie eingesetzt, ebenso 9 ständige Stellvertreter, die fortwährend Waffen tragen durften. Außerdem erhielt jeder Louveterie-Bezirk 12 bis 15 Jagdgewehre zur Durchführung von Treibjagden. Des Weiteren waren in diesem Departement noch ca. 120 bis 150 Jagdwaffen an Einzeljäger abgegeben worden. Der Munitionsverbrauch wurde in einfacher Weise kontrolliert. Die französischen Jäger, unter denen sich auch französische Forstbeamte befanden, konnten die Jagd ohne deutsche Beaufsichtigung und ohne deutsche Begleitung ausüben.

Diese Handhabung der Wildschweinbekämpfung deckt sich mit den von der Landesforstverwaltung für erforderlich erachteten Maßnahmen zur Beseitigung der Schwarzwildschäden.

Die Hoffnungen der badischen Forstverwaltung erfüllten sich nicht, allzu frisch waren die Kriegserinnerungen, und das auf beiden Seiten.

In der Brunft 46 hatte ein Französischer Offizier auf dem Sommerberg einen für damalige Zeit starken Kronenzwölfer erlegt.

Der wurde bezeichnenderweise in der Eintracht in Wildbad, dem ehemaligen Stammlokal des Reichsstatthalters Murr totgetrunken.

Zur vorgerückten Stunde kam nun Maurermeister Etzel des Weges daher und sah auf dem offenen Jeep rücklings den Hirsch liegen. Dem Maurermeister Etzel den wir vom Anfang des Buches kennen, Etzel der mit seinem Baugeschäft den wirtschaftlichen Aufschwung dank der boomenden NS-Bauaufträgen erlebt hatte, war das zu viel, der Erzfeind Frankreich zecht im Lokal des Reichsstatthalters!

Kurzerhand wurde mit dem Sackmesser das Haupt samt Geweih abgetrennt und den Straubenberg hinaufgeschleppt und in einem tiefen Kellerschacht versteckt. Das Geweih hängt heute noch sauber restauriert im Haus der Familie Etzel. Dies hätte auch ganz anders ausgehen können, denn Wilderei wurde mit dem Tode bestraft.

Fütterung mit dem Pferdeschlitten.

Wilderer in der Brotenau

Meldung zu Händen Oberleutnant Blanc
In der Nacht zum 14./15. Dezember 1947 wurde in der Abt. 1,34 Brotenautal ein Stück Rotwild (Kahlwild) gewildert. Das Stück wurde an Ort und Stelle zerwirkt.

Meldung
Am 27. Dezember 1948 fuhr abends um 23.45 Uhr ein Personenwagen die Dürreichtalstraße in Richtung Kleiserstein der mit einem Scheinwerfer die Kahlfläche von Abt. 1,16 gegenüber der Mittelwiese absuchte. Am 28.12. fand ich dann morgens oberhalb der Saatschule in Abt. 1,14 ein frisch erlegtes Alttier.

Meldung
Am Dienstag, den 14. November 1949 fuhr ich gegen 23.30 Uhr mit dem Waldarbeiter Wilhelm Nefer aus Gaistal mit dem Motorrad von einem Besuch bei meiner Frau aus Baden-Baden zurück. Nefer hielt sich danach noch etwa eine Stunde bei mir im Forsthaus Dürreych auf und wollte dann in Richtung Kleiserstein nach Hause fahren.

Wilderei – auch heute noch ein Thema.

In dem Moment als er weg fuhr, kam ein Krad mit Beiwagen die Dürreychtalstraße von der Großwiese entlanggefahren. Nofer sagte mir, dem fahre ich nach, um das Kennzeichen festzustellen und um zu sehen, wohin er fährt. Er traf dann schon an der Abzweigung des Weges zum Forsthaus mit dem Krad BMW zusammen, konnte jedoch keine Nummer erkennen, da das Schild vollkommen beschmutzt war. Er konnte nur feststellen, dass das Krad mit zwei Zivillisten besetzt war, von denen der Fahrer ein rußgeschwärztes Gesicht hatte. Der Beifahrer im Beiwagen gab dann auf das Krad von Nofer zwei Schüsse ab, wovon 8 Schrotkugeln den Reifen, die Felge und Nabel des Hinterrades beschädigten. Das Krad wendete dann sofort und fuhr ohne Licht an mir am Forsthaus vorbei, wieder Richtung Großwiese Brotenau.

Meldung
Brotenau 26.11.50
In der Nacht vom 24./25. des Mts. wurde um 12 Uhr die Brotenautalstraße von einem Jeep mit 2 Mann zwecks Wilderei befahren. Der Jeep hat um 10:30 Uhr zwischen Hilpertsau und Reichental Fabrikarbeiter überholt, ist dann zunächst den Feldgewann Heil bis zum Weisenbacher Wald abgefahren, kam zurück, und ist dann durch Eichental zur Höhe gefahren. Beim Überholen der Fabrikarbeiter war der Jeep mit 4 Mann besetzt. Zeuge ist Anton Merkel, Reichental.

Die Bevölkerung wurde von den französischen Besatzern ausgesperrt, die Forstbeamten hatten entsprechende Verbotsschilder in ihren Dienstbezirken anzubringen.

Der Forstbeamte war natürlich unbewaffnet, aber Ende 1947 wurden von der Besatzungsregierung neue Ferngläser beschafft, richtig ansprechen war ungemein wichtig. Auch die Winterfütterung wurde intensiviert, hatte die Bevölkerung unter Mangelwirtschaft und Hunger zu leiden, war sie eben selber schuld.

An das Forstamt Schwetzingen

Das Forstamt Kaltenbronn hat in früheren Jahren zur Wildfütterung Kastanien aus Ihrer Gegend bezogen. Wir bitten uns mitzuteilen, ob wir vom Forstamt wieder Kastanien beziehen können, oder wer sonst als Lieferant in Frage käme.

Das geschossene Wild musste aber auch vermarktet werden und so finden wir den Wildbrethändler Blumenthal als Wildabnehmer mit dem von der Besatzungsmacht genehmigten Gewerbe schon ab 1946 wieder.

Eine Schwester Blumentals war mit einem Franzosen in Paris verheiratet und wer damals entsprechende Beziehungen hatte, war gleich wieder oben auf.

Ganz langsam ging es wieder aufwärts.

An sämtliche Forstämter in Baden (französische Zone):

Der Verlag Paul Parey, Hamburg, Spitalstr. 12, teilt mit, dass ein erstes Sonderheft „WILD und HUND" im Juni 48 erschienen ist, dem in zunächst zwangloser Folge weitere folgen werden.

Umfang 32 Seiten, Preis 1,25 DM je Heft, Lieferung gegen Rechnung oder Nachnahme durch den Verlag.

Ein Jahr zuvor, am 10. September 1947, war der von Revierförster Schultheis in Rombach gehaltene Hannoveranische Schweißhund „Arres vom Kaltenbronn Rombach" eingegangen, auch der von den Franzosen eiligst aus Wildbad herbeigeholte Tierarzt Dr. Dosch konnte nicht mehr helfen.

Im Juli 1947 hatte sich Ferdinand Wallmann, Oberforstmeister in Ruhe aus Otternhagen, 1949 schriftlich bei Schultheis nach dem vom Forstamt gehaltenen Schweißhund erkundigt, und um Mithilfe gebeten den Verbleib weiterer Hannoveranischer Schweißhunde ausfindig zu machen, dies geschah im Vorfelde der Wiederbegründung des Verein Hirschmann, die dann am 17. März 1948 im Solling stattfand.

Ferdinand Wallmann war der Vorgänger von Walter Frevert in Nassawen in der verlorenen Rominterheide, Frevert hatte es 1947 nach Baden verschlagen, doch später mehr davon.

Aber nicht nur der Hirschmann sollte in den Rotwildrevieren des Schwarzwaldes wieder von Förstern und Jägern geführt werden, der Berufsjäger und Züchter von Bayrischen Gebirgsschweißhunden, Karl Reich, wendet sich mit einem Angebot an das Forstamt Kaltenbronn:

Sehr geehrter Herr Forstmeister!

Aus einem Wurf edler, Bayrischer Gebirgschweißhunde erlaube ich mir Ihnen anzubieten, fein in Form und Gebäude edlen kapitalen Jungrüden, 7 Monate alt, hirschrot, vielversprechend, da feinste Nase. Sonderpreis für Ihr Jagdpersonal 150,-- mit Ahnentafel, sowie eine Hündin (Wurfschwester) gleicher Farbe und Form mit lockerem Hals (veranlagt natürlicher Totverbeller) Sonderpreis 100,-- Mark mit Papieren.

Beide Hunde sind gut abgeführt und erzogen, im Freien gehalten, daher gesund, gut im Haar und daher unempfindlich gegen Kälte.

Eltern vorzüglich in Leistung. Rüde im Rotwildrevier im Allgäu, Hündin wird von mir geführt und vornehmlich als Leithund zum Einkreisen von Sauen verwendet.

Als Berufsjäger lege ich den Hauptwert auf Leistung. Trotzdem sind beide Eltern auf letztjährigen Ausstellungen mit 1. Preis ausgezeichnet worden.

Mir liegt viel daran, meine Hunde auch in die richtige Hand zu bringen. Da es nicht mein Zuchtziel ist, aus Gewinnsucht fabrikmäßige Hunde „herzustellen“, sondern ich es mir zum Ziel gemacht habe, den edlen Schweißhund überall dort wieder heimisch zu machen, wo Rotwild seine Fährte zieht, denn wo unser alter Spezialist in den letzten Jahren leider zu oft dem in Führung weniger zeitraubenden, bequemen Feld-Wiesen-Wasser-Wald-Alleskönner weichen musste, bitte ich Sie, werter Herr Forstmeister, mein Angebot Ihrem Forstpersonal gegebenenfalls an Amtstagen bekannt geben zu wollen.

Mit meinen Erfahrungen in der Schweißhundführung, die ich hauptsächlich in den Karpaten und Balkanrevieren sammelte, stehe ich jedem Schweißhundemann zu Diensten.

Herrn Forstmeister betreffs meines ungebetenen Angebots um Entschuldigung bittend, sage ich herzlichst

Waidmannsdank und Weidmannsheil! Karl Reich

Am 2. September 1950, als am Wildsee die ersten Hirsche zu melden begannen, wandte sich Graf Mandelsloh aus München, seines Zeichens Bildredakteur, mit einer Bitte an den Oberlandforstmeister Leonhard in Gernsbach:

Sehr geehrter Herr Landforstmeister!

Vermutlich kennen Herr Landforstmeister meinen Namen aus der Forstzeitschrift und der Jagdzeitschrift die „Pirsch".

Durch Herrn von Hornstein erhielt ich Ihre Anschrift. Ich bitte es mir nicht verübeln zu wollen, dass ich mich mal in einer rein jagdlichen Frage an Sie wende. Ich möchte gerne zur Hirschbrunft

Brauchbare Schweißhunde waren kostbar und selten nach 1945.

Aufnahmen mit der Fernrohr-Kamera anfertigen. Ich möchte Sie bitten, sich die Angelegenheit einmal durch den Kopf gehen lassen zu wollen.

Wildaufnahmen sind ungeheuer schwer, und ohne Hilfe des Jagdherren ist der Fall hoffnungslos, da ich nicht erst jeden Wechsel ausfindig machen kann.

Last not least verfüge ich über einen sehr guten photographischen Ruf, und ich würde mich sehr freuen, wenn Herr Oberlandforstmeister mir bald Bescheid zukommen lassen würde.

Mit besten Grüßen und Weidmannsheil bin ich Herrn Oberlandforstmeister ergebener

Graf Mendelsloh

Eine derartig höfliche Anfrage wurde umgehend am 05.09. beantwortet.

Sehr geehrter Herr Graf!

Ich bin gerne bereit, Ihnen auf dem Kaltenbronn Gelegenheit zu Wildaufnahmen zu geben. Ich möchte Ihnen aber gleichzeitig sagen, dass der Wildstand verhältnismäßig gering ist, und dass es sehr schwer sein wird, an das Wild heran zu kommen, zumal wir auch häufig Nebel haben, der das Photographieren an sich zeitweise ausschließt; aber vielleicht haben sie trotzdem Weidmannsheil.

Wohngelegenheit im Gasthaus Kaltenbronn ist vorhanden.

Auch der berühmte Stuttgarter Wildtierfotograph Joachim Rödle, der unter Namen J. Rödle, Künstlerische Gestattung, Jagd – wissenschaftliche Fotografie firmiert, schreibt an den Oberlandforstmeister:

Ich habe soeben an Herrn Merkel geschrieben, wegen einem Auerhennengelege. Vor Jahren machte ich bei ihm eine Aufnahme einer brütenden Henne und vom Gelege. Ich sollte aber gute Neuaufnahmen haben. Wenn Sie mich hierbei unterstützen könnten, wäre ich Ihnen dankbar. Ich habe erst in diesem Monat wieder eine große Anzahl sehr wertvoller Balzaufnahmen vom Auerwild machen können, ebenfalls im Vorjahr, so dass sich mit der Zeit eine vollkommene Biologie ergeben wird. Da dieses Wild so sehr selten

geworden ist, erhalten diese Dinge einen späteren großen Wert. Ich bedauere es außerordentlich, dass ich nicht schon vor 15 Jahren an dieses Thema gegangen bin.

Wir haben jetzt hervorragende Bilder vom balzenden Hahn auf dem Boden, dem die Hennen Referenz machen, auch drücken sie sich auf den Boden, die Schwingen gespreizt und zum Treten bereit. Ich glaube, dass man dies nicht alle Tage zu Gesicht bekommt.

Vielleicht komme ich im Juni oder Juli in Ihre Reviere, wenn vorher nicht ein Auerhennengelege gefunden wird.

Rödle veröffentlichte 1971 im Kosmos-Verlag das Buch „Wenn die Hirsche röhren“.

Es geht wieder Aufwärts

Bereits kurz nach Gründung der Bundesrepublik am 8. März 1950, schrieb der Paul Parey Verlag in eigener Sache an das Landratsamt in Calw.

Sehr geehrter Herr Landrat!

In unserem Verlag erscheint, wie Ihnen sicherlich bekannt ist, die große Zeitung „Wild und Hund".

Im Bestreben aller, Jäger mit einer guten Jagdzeitschrift zu erfassen, hat der Verlag Paul Parey lange vor dem letzten Kriege mit den Landratsämtern Vereinbarungen getroffen, wonach die jeweiligen Jagd- und Waffenscheininhaber von einem Angestellten des betreffenden Landratsamt gegen Entgelt monatlich mitgeteilt wurden. Diese Maßnahme gewinnt auch heute wieder an Bedeutung, umso mehr, als die Jagscheininhaber sich ja leider bei der etwas komplizierten Gesetzesformulierung laufend über die verschiedenen Gesetzesbestimmungen informieren müssen. Diese Mitteilungen liegen auch im Interesse der Kreisverwaltungen, da die Anzeigen über die Verpachtung von Gemeindejagden einem großen Kreis von Interessenten zugänglich gemacht werden können. Da in unserem Verlag das Amtliche von der deutschen Jagdschutzorganisation herausgegebene „Jahrbuch des Deutschen Jagschutzverbandes" erscheinen wird und dies von Wild und Hund allen Jägern angeboten werden soll, dürfte ebenfalls ein amtliches Interesse bestehen unsere Bitte zu erfüllen.

Inzwischen erhalten wir seit Oktober letzten Jahres von allen Landratsämtern der amerikanischen und britischen Zone laufend die Anschriften der Jagdscheininhaber.

Da nunmehr auch in der französischen Zone die Ausgabe von Waffen- und Jagdscheinen angelaufen ist, wären wir Ihnen außerordentlich dankbar, wenn Sie diese bereits früher mit großem Erfolg und Nutzen für beide Seiten durchgeführten Mitteilungen wieder veranlassen würden und bitten Sie einen Ihrer Angestellten mit dieser Aufgabe zu beauftragen, der Vertriebsleitung des Paul Parey-Verlages die Träger der zurzeit ausgegebenen Jagd- und Waffenscheine mitzuteilen und diese Mitteilungen laufend zu vervollständigen. Wir sind gerne bereit, die dadurch entstandenen Kosten zu vergüten bzw. dem betreffenden Angestellten diese Arbeit zu bezahlen.

Wir möchten diesem Angestellten für jede Adresse eines Jagdscheininhabers 0,10 Pfennig als Entgelt für seine Mühe bezahlen und glauben, dass auch damit die Möglichkeit geschaffen wird, uns laufend über Veränderungen auf diesem Gebiet zu unterrichten. Sollten Sie Bedenken haben, wenn diese Vergütung den Angestellten bezahlt wird, schlagen wir Ihnen vor, diese Arbeit durch die Kreisfürsorge ausführen zu lassen, wie es bereits einige Landratsämter getan haben, sodass diese Mittel einem guten Zweck zugeführt werden können.

Einige Landräte haben anstelle der Vergütung die Lieferung eines Exemplars der „Wild und Hund" an die Dienststelle für Zeitdauer der entsprechenden Vergütung gewünscht. Wir sind auch hierzu bereit. Selbstverständlich tragen wir auch das Porto für diese Mitteilungen und bitten Sie, das beiliegende Rückporto für die erste Anschriftenanlage oder Ihre geschätzte Antwort zu verwenden.

In der Hoffnung, recht bald die Listen der Jagd- und Waffenscheininhaber Ihres Landkreises zu erhalten, empfehlen wir uns mit vorzüglicher Hochachtung

Verlag Paul Parey, Vertriebsabteilung Schwennesen

Gut investiertes Geld und der Zinses-Zins rechnen sich heute noch, denn merke, wer sich nicht selbst hilft dem wird nicht geholfen.

Deutsche Jagdausstellung 1951 in Hannover

Die erste deutsche Jagdausstellung der noch jungen Bundesrepublik fand im Frühjahr 1951 in Hannover statt. Selbstverständlich sollten aus allen Teilen der BRD Trophäen oder was nach dem Krieg noch davon übrig geblieben war, ausgestellt werden. Die Messeleitung wandte sich auch an das Badische Ministerium der Landwirtschaft und Ernährung mit der Landesforstverwaltung. Baden-Württemberg, wie wir es heute kennen, gab es ja noch nicht. Dort war man grundsätzlich bereit mitzuwirken, gab jedoch zu bedenken:

Aus Ihren Ausstellungsunterlagen geht an sich hervor, dass beabsichtigt ist, starke Einzeltrophäen zu bewerten.

Die Jagdverhältnisse in Baden sind so, dass erst vor verhältnismäßig kurzer Zeit Rotwildjagden freigegeben worden sind. Nachdem in diesen Rotwildjagden seit 1945 keinerlei Wahlabschuss mehr stattgefunden hat, befinden sich diese Jagden in beklagenswertem Zustand. Man hat deshalb für das Land Baden vereinbart, dass 1a-Hirsche nicht geschossen werden sollten, dass dagegen umso stärker in die Abschusshirsche eingegriffen werden soll. Sie werden deswegen kaum aus der Zeit nach 1945 aus dem Land Baden Trophäen für die Ausstellung bekommen.

Wir fragen aber an, ob es nicht möglich wäre, z. B. den Gesamtabschuss eines größeren Jagdbezirks auszustellen als Muster, wie angesichts der gegenwärtigen Verhältnisse vorzugehen ist.

Das Großherzogliche Forstamt Kaltenbronn würde sich bereiterklären, den diesjährigen Abschuss Ihnen für die Ausstellung zur Verfügung zu stellen. Wir denken uns die Sache so, dass diese Abschusshirsche um die aufgesetzten Abwurfstangen eines Achtzehnenders, der als Zielhirsch zu betrachten ist, gruppiert werden würden. Dadurch würde dokumentiert werden, welches Ziel angestrebt wird, und welche Wege zur Erreichung dieses Zieles beschritten werden sollen.

Falls Sie mit unserem Vorschlag einverstanden sind, bitten wir um entsprechende Nachricht. Wir werden dann das Großherzogliche Forstamt Kaltenbronn bitten, Ihnen die Geweihe aus dem diesjährigen Abschuss zu übermitteln.

Im Auftrag der Messegesellschaft Hannover antwortet Oberforstmeister Gallasch:

Für die Einsendung des Gesamtabschusses eines größeren Jagdbezirks würden wir außerordentlich dankbar sein und bitten, im gedachten Sinne das Großherzogliche Forstamt Kaltenbronn zu verständigen.

Wir hoffen, dass die Sendung möglichst bald, jedoch noch bestimmt im Laufe diesen Monats hier bei uns eingeht.

Am 30. Dezember 1950 wurde eine schwere Holzkiste mit folgendem Inhalt von Freiburg nach Hannover geschickt:

		Wildbretgewicht	erlegt
6-Ender	2.Kopf	45kg	25.8.1950
8-Ender	9.Kopf	99kg	3.10.1950
10-Ender	6.Kopf	114kg	4.10.1950
6-Ender	2.Kopf	55kg	4.10.1950
8-Ender	4.Kopf	91kg	3.10.1950
10-Ender	4.Kopf	85kg	4.10.1950
8-Ender	4.Kopf	72kg	5.10.1950
10-Ender	5.Kopf	119kg	5.10.1950
10-Ender	4.Kopf	85kg	8.10.1950
10-Ender	5.Kopf	106kg	2.11.1950
6-Ender	2.Kopf	43kg	21.11.1950
Spießer	1.Kopf	55Kg	6 .12.1950

18-Ender	Abwürfe	1950
14-Ender	"	1949
14-Ender	"	1948

Acht Hirsche allein fielen in der ersten Brunft nach Kriegsende, wo der deutsche Jäger, mit Wiedererlangung der Jagdhoheit, wieder eine Waffe führen durfte.

Nur der Markgraf von Baden war nicht da, er hatte eine Einladung des Königs von Schweden zur Elchjagd.

Ob es sich bei allen Hirsche wirklich um Abschusshirsche handelte, dürfte nach unserem heutigen Kenntnisstand fragwürdig sein, dem Wildbretgewicht wurde wenig Hauptaugenmerk gewidmet, das Hegeziel war die Krone.

Landforstmeister Leonhard hatte der Messeleitung gegenüber ganz andere Bedenken:

Aus Ihnen verständlichen Gründen bitten wir, das Großherzogliche Forstamt nicht zu erwähnen. Als Bezeichnung schlagen wir Ihnen vor „Hegeabschuss 1950 aus dem Schwarzwald“. Auf jedem Schädel ist die Nummer des Verzeichnisses angebracht. Die Pappe soll lediglich den Zweck haben, dass die Nasen geschont werden. Es wird gebeten, vor der Verpackung die Pappe wieder anzubringen.

Es wir zweckmäßig sein, die beiden aufgesetzten Passstangen (Abwurf 1950) und die beiden dazugehörigen Abwurfstangen 1949 und 1948 in die Mitte zu nehmen und die Geweihe darum zu gruppieren.

In den meisten Revieren des Schwarzwaldes sind die Wildstände zu hoch. Sie müssen im Interesse der Geweihbildung und aus forstlichen Gründen gesenkt werden. Dies geschieht durch starke Eingriffe in die schlecht veranlagten Hirsche und das geringe Kahlwild. Zukunftshirsche werden grundsätzlich geschont.

Der Unterzeichnende wird bei Eröffnung der Ausstellung als Vertreter des Landesjagdamtes zugegen sein. Etwaigen Schriftwechsel bitte ich, mit dem Großherzoglichen Forstamt Kaltenbronn in Gernsbach zu führen, das ich neben meiner Tätigkeit am Landesforst auch das Landesjagdamt leite.

Der Schwarzwald im Fokus – Oberforstmeister Walter Frevert

Strecke legen wie einst an der Rominte, Frevert mit Gamsbart mit dem Rücken zur Kamera.

Nur wenn der Mensch sich hinter einer Maske verstecken kann, ist er ganz er selbst.
(Edgar Alan Poe)

Rominten! Das verlorene Rotwild-Paradies, es wird wohl kaum einen Jäger in der Bundesrepublik geben, der noch nichts davon gehört oder gelesen hat.

Walter Frevert war der Erste, der seine Erinnerungen darüber zu Papier gebracht hat, einen Großteil seines schriftstellerischen Schaffens entstand hier im Nördlichen Schwarzwald, besser gesagt an seiner letzten Dienststelle und seinem letzten Wohnort in Gernsbach, im Landkreis Rastatt/Baden.

Wenig „Ehre“ und noch weniger „Brot“

Frevert war zunächst nur einer von 15 Millionen Ostflüchtlingen aus Ostpreußen, Schlesien und Pommern, die aufgrund des verlorenen Krieges eine Neue Heimat suchten.

Im November 1946 meldete sich Frevert auf der Suche nach Anstellung bei der Forstdirektion in Freiburg/Baden. Da es im abgelegenen Schwarzwald offensichtlich genügend Arbeit gab, und sein Vorstellungsgespräch einen positiven Eindruck hinterlassen hatte, bewarb er sich ganz offiziell am 23. Dezember 1946 beim Badischen Finanzministerium.

Dazu muss man wissen, dass der Schwarzwald in der französischen Besatzungszone lag und die Besatzungsmacht Frankreich sofort damit begann, riesige Holzeinschläge, sogenannte Exploitationshiebe zu tätigen, um die Not im eigenen Land zu mildern, Reparation hieß das Zauberwort. Dafür brauchte man aber Fachkräfte, und so dürfte dies Freverts Einstellung begünstigt haben, denn ein Unbekannter war er damals auch im abgelegenen Schwarzwald nicht.

Am 11. Januar 1947 wurde die Einstellung positiv entschieden und Frevert nahm am 8. März seine Tätigkeit zuerst im Forstamt Gernsbach zwecks Einweisung für die kommende Tätigkeit auf.

Am 1. April 1947 hatte er sich in Forbach einzufinden, um das dortige Forstamt als Angestellter mit 14-tägiger Kündigungsfrist bzw. stellvertretender Dienstvorstand zu übernehmen.

Bereits 7 Wochen später, am 24.6.1947 wurde Frevert unter Einstellung der Bezüge beurlaubt, ungewisse Gerüchte über seine politische Vergangenheit die bis zum Badischen Finanzministerium vorgedrungen waren, nötigten die Forstdirektion ihn zu beurlauben.

Ein herber Rückschlag für Frevert, hinter dem eine Odyssee durch halb Deutschland lag seitdem er aus Nassawen in Rominten geflüchtet war, aber da das politische Reinigungsverfahren günstig ausfiel, trat er seinen Dienst im Forstamt Forbach I am 8. September 1947 wieder an.

Anfang November 1947 wendete sich Frevert hilfesuchend an den Personalreferenten in Freiburg:
Seit dem 8.3.1947 bin ich im Angestelltenverhältnis bei der Badischen Staatsforstverwaltung beschäftigt. Durch Verfügung wurde die

Landeshauptkasse angewiesen, mir monatlich eine Abschlagszahlung von 450,--RM auszuzahlen. Trotz mehrfacher schriftlichen Bitten habe ich durch die Buchhaltung kein Geld erhalten und erwirkte erst Ende Mai durch persönliche Rücksprache einen Vorschuss für drei Monate in Höhe von RM 1350,--.

Eine Abrechnung zwischen dem angewiesenen Angestelltengehalt und den an mich ausbezahlten Vorschuss hat bis heute nicht stattgefunden. Vom 1. Juni bis zum 7. September war ich als Angestellter beurlaubt (Anm.: Autor Frevert verschweigt natürlich warum).

Am 8.9.1947 habe ich die vorläufige Führung der Amtsgeschäfte in Forbach I wieder übernommen. Von diesem Zeitpunkt ab müssten also meine Gehaltsbezüge wieder laufen. Ich habe bis heute jedoch keinerlei Entschädigung erhalten und stelle hiermit fest, dass ich in achtmonatiger Tätigkeit für die badische Staatsforstverwaltung nur einmal einen Vorschuss von RM 1350,- erhalten habe und diesen zweifellos nur deshalb, weil ich ihn persönlich dort abgeholt habe. Ich bitte dringend, endlich meine mir zustehende Gebührnisse abzurechnen und mir auf das Konto zu überweisen.

Ab dem 26.11.1947 erhielt der Angestellte Frevert eine Vergütung von mithin monatlich 750,48 RM.

Nicht gerade üppig, denn neben zwei eigenen hatte Frevert auch noch drei Adoptivkinder und seine Frau zu versorgen und Geldsorgen sollte er des Öfteren noch bekommen.

Abschließend teilt das Ministerium Frevert mit:

(...) verschiedene Vorkommnisse der letzten Zeit veranlassen uns, Sie darauf aufmerksam zu machen, dass Sie in einem jederzeit kündbaren Dienstverhältnis zu der Verwaltung stehen.

Es gehen infolge dessen alle Maßnahmen, die Sie treffen, um den Mittelpunkt Ihrer Lebensinteressen hierher zu verlegen (Wohnungssuche, Zuzug der Familie usw.) auf Ihr eigenes Risiko. Die Verwaltung kann sich jedenfalls zurzeit im Hinblick auf die zu erwartenden Personaleinsparungen in keiner Weise binden.

Das vom Forstamt ausgestellte Dienstzeugnis indes lautete:

Befähigung als Dienstvorstand im Allgemeinen gut, Fleiß gut, Führung gut, Verhalten geschickt, Körperliche Rüstigkeit gut, Befähigung für besondere Dienstzweige – Spezialist in Jagdfragen, wald-

baulich begabt. Die Übernahme in den Badischen Staatsdienst wird befürwortet.

Am 25. Oktober 1947 konnte Frevert mit seiner Familie in die Dienstwohnung im Forstamt Forbach einziehen, nachdem die Witwe des Amtsvorgängers in die umgebaute Notwohnung unterm Dach gezogen war.

Im Juli 1948 meldete sich die Direktion aus Freiburg, Betreff Amtsbezeichnung.

(...) die Einstellung nicht-badischer Forstbeamte hat dazu geführt, dass Fachkräfte des höheren Dienstes, die als Angestellte tätig sind, und aus ihrer früheren Beamtentätigkeit hohe Amtsbezeichnung mitbringen, ihrer derzeitigen Dienststellung nicht entsprechen.

Wir haben uns stillschweigend damit einverstanden erklärt, dass alle im Angestelltenverhältnis beschäftigten Fachkräfte des höheren Dienstes die Bezeichnung „Forstmeister" führen, um ihre Dienststellung nach außen hin zu stärken, obgleich ihnen dadurch keine besonderen Hoheitsbefugnisse eines Beamten zugewiesen werden.

Die Führung einer höheren Amtsbezeichnung, die der jetzigen Dienststellung nicht entspricht (Oberforstmeister!), *kann jedoch nicht gebilligt werden. Wir bitten dies zu beachten.*

Das konnte Frevert nicht unkommentiert lassen, demonstrativ steht auf dem Briefkopf seines Antwortschreibens, „Oberforstmeister Frevert" das 14 Tage später bei der Landesforstverwaltung eintrifft.

Durch Ihre Verfügung bin ich angewiesen worden, in Zukunft meine Dienstbezeichnung „Oberforstmeister" nicht mehr zu führen, sondern mich nur Forstmeister nennen zu dürfen.

Ja, ich bin zum Oberforstmeister ernannt, im Jahre 1938 durch Ernennungsurkunde des Reichsforstsamt in Berlin. Meine Ernennung ist also durch die gleiche Dienststelle erfolgt, die in der damaligen Zeit badische Forstverwaltungsbeamte zum „Forstmeister", „Oberforstmeister", usw. ernannte.

Nach bisher geltendem Recht, welches nicht aufgehoben ist, gehört die Dienstbezeichnung oder der Titel eines Beamten zu den wohl erworbenen Rechten, die bisher nur im Wege des Disziplinarverfahrens oder durch allgemeines Gesetz geschmälert werden konnten.

Es ist mir völlig klar, dass ich von der Landesforstverwaltung in Baden als Angestellter mit 14-tägiger Kündigung eingestellt worden bin, dadurch wird aber das Recht auf Führung der Dienstbezeichnung „Oberforstmeister" in keinster Weise beeinträchtigt.

Ich vermag nicht einzusehen, welches dienstliche Interesse die Landesforstverwaltung daran haben kann, mir nach dem Verlust allen materiellen Besitzes nun auch noch meine ideellen Rechte zu schmälern. Für eine etwaige spätere Übernahme in ein badisches Beamtenverhältnis ist die ganze Sache ohne Belang, denn wenn ich als Beamter in den Staatsdienst eintrete, so hat die badische Landesforstverwaltung das Recht, mir eine badische Dienstbezeichnung nach ihrem Ermessen zuzubilligen. Unter den geschilderten Umständen bitte ich daher um Zurücknahme der obigen Verfügung. Ja, ich bemerke zum Schluss noch, dass meine Ernennung zum Oberforstmeister im Jahre 1937 gegen den Einspruch der Kreisleitung und Gauleitung der NSDAP erfolgt ist.

Der Vorgang Dienstbezeichnung hatte 10 Jahre zuvor dem Revierjäger Rometsch alias „der Sultan" Unannehmlichkeiten bereitet, Frevert hatte aber mehr Glück.

Sie gehen in Ihrem Schreiben von der falschen Voraussetzung aus, dass ihnen die Landesforstverwaltung Ihre frühere Dienstbezeichnung „Oberforstmeister" aberkennen wollte. Das trifft nicht zu. Wir haben keine Bedenken dagegen, dass Sie diese Amtsbezeichnung außerhalb des Dienstes führen.

Wir weisen Sie darauf hin, dass mitbestimmend für unsere Einstellung die Tatsache war, dass die badischen Beamten, die höhere Amtsbezeichnungen führten, diese infolge ihrer Entnazifizierung im Verwaltungswege verloren haben und so von vornherein stärker benachteiligt waren als die außer-badischen Beamten, die entweder Säuberungsentscheidungen aus einer anderen Zone mitbrachten, die eine derartige Sühnemaßnahme nicht kannten, oder die im Gegensatz zu den badischen Beamten hier sich dem normalen Säuberungsverfahren unterziehen konnten. Wir sehen die Erörterung der Angelegenheit nunmehr als erledigt an.

Vom 24.–26.11.1948 nimmt Frevert an der Sitzung des Vereins „Hirschmann“ in Uslar im Solling teil wozu er sich, wie er es aus Ostpreußen, oder besser gesagt, mit der Machtfülle des 1000-jährigen Reiches, gewohnt war, selbst beurlaubt.

Dafür erntet er wieder eine Abmahnung der vorgesetzten Dienststelle.

Ende Februar 1949 reist er nach München, um den Verbleib einiger Kapitalgeweihe aus Rominten in Erfahrung zu bringen.

Am 3. März 1949 erscheint er zur Forstmeisterbesprechnug in der Uniform eines Oberforstmeisters, offenbar haben die kapitalen Geweihe Freverts Selbstbewusstsein vollkommen wieder hergestellt. Der Auftritt schlägt sich deutlich in seiner Personalakte nieder.

Die finanzielle und materielle Situation Freverts war in dieser Zeit mehr als prekär, als ein Sohn im August 1948 an Kinderlähmung erkrankt, und Freverts Familie nicht krankenversichert ist, und er sich bei seinem geringen Gehalt mit Kranken- und Arztkosten in Höhe von 1500,-- DM konfrontiert sieht, wendet er sich mit der Bitte um Beihilfe an das Ministerium:

Als Ostflüchtling bin ich gezwungen, laufend die dringend notwendigen Gebrauchsgegenstände wieder zu beschaffen, sodass ich durch die Krankheit meines Sohnes in eine starke Verschuldung geraten bin.

Frevert werden 900,- Mark vom Ministerium erstattet, den Rest muss er selbst bezahlen.

Vielleicht ist das einer der ausschlaggebenden Gründe, sich bei der künftigen Bundesregierung, um die Stelle des Jagdreferenten zu bewerben.

Freiburg, 26. August 1949

Bewerbung für die künftige Bundesregierung
Bewerbung des Forstmeisters Frevert um die Verwendung als Jagdreferent in der künftigen Bundesregierung:

Forstmeister Frevert war von 1936–38 Dienstvorstand des Forstamts Nassawen (Rominter Heide) und von 1938 bis Kriegsende als

Oberforstmeister und Forstinspektionsbeamter der Rominter Heide, dem bekannten Rotwild-Revier Deutschlands, tätig.

Er gilt aufgrund seiner reichen Erfahrungen und Erfolge auf dem Gebiet der Hege mit Recht als erster Spezialist für jagdliche Fragen. Sein Buch „Jagdliches Brauchtum“ hat allgemein Anerkennung gefunden.

Forstmeister Frevert bringt daher alle Voraussetzungen mit, die ihn – mehr als jeden anderen – gerade für diese Aufgabe als ganz besonders geeignet erscheinen lassen. Wir befürworten diesen Antrag aufs Wärmste.

Freverts Bewerbung verlief ergebnislos, daran änderte auch die wärmste Empfehlung der Forstdirektion nichts.

Jagdlich war er zur Untätigkeit verdammt, die Besatzer ließen keine Jagd zu.

Am 10. Dezember 1949 wurde ihm Leitung einer Wildjagd für die Französischen Besatzungstruppen auferlegt die im Forstamt Forbach I stattfand. Die Franzosen waren zufrieden, schossen offenbar viel, und so wurde Frevert gestattet im Zuge seiner Aufgaben eine Büchse zu führen, das lag aber immernoch unter der strengsten Kontrolle der Besatzungsmacht. In seinen jagdlichen Erlebnisbüchern, die Ende der 50 Jahre erschienen, geht er auf die Umstände in Frevertscher Sichtweise ein, aber in den Genuss dieses „Privilegs“ kamen noch andere Forstbeamte, und nicht nur der Oberforstmeister allein.

Nach Jahren der Entbehrung, dem Schicksal vieler Vertriebener in der damaligen Zeit, begann sich die materielle Situation langsam zu entspannen. Für Frevert bedeutete dies, die Übernahme ins Beamtenverhältnis auf Lebenszeit.

Am 13. August 1951 erhielt Frevert die Urkunde mit der Ernennung zum Beamten im Rang eines Forstmeisters.

Sein Gehalt erhöhte sich auf monatlich 822,-- DM. Am 31.10.1952 wurde er zum dritten Mal Vater eines Sohnes.

2 Tage vor der Geburt seines Sohnes bewarb sich Frevert, offenbar die Verhältnisse in Forbach leid, um zwei Forstämter als Dienstvorstand, auf das Forstamt St. Blasien im Südschwarzwald und das Forstamt Kaltenbronn.

Frevert nannte folgende Gründe für seine Bewerbungen:
Wie ich Ihnen vor einiger Zeit bereits mündlich mitteilte, bin ich genötigt, mich um ein anderes Schulamt mit günstigeren Schulverhältnissen zu bewerben. Von meinen 5 Kindern besuchen 2 bereits die höhere Schule und 2 weitere müssen am 1.4.1953 auf die höhere Schule kommen. Die Verbindungen von Forbach nach Gernsbach sind so schlecht, dass die Kinder Sommer und Winter um 6:15 Uhr hier fort müssen und um 17:30 hier abends wieder eintreffen.

Ich bin daher gezwungen, mich auf ein Forstamt mit besseren Schulverhältnissen zu bewerben.

Da ich, wie Ihnen bekannt sein wird, seit Jahrzehnten jagdliterarisch und jagdwissenschaftlich tätig bin, lege ich allergrößten Wert darauf, ein Forstamt zu verwalten, in dem jagdliche Möglichkeiten möglichst vielseitiger Art geboten werden.

Ich lege dabei weniger Wert auf das Schießen, als auf die Möglichkeit, Wild beobachten zu können, um meine biologischen Arbeiten auf diesem Gebiet fortsetzen zu können.

Die Landesforstverwaltung antwortete Frevert:
Wir teilen Ihnen mit, dass das unter Umständen im Lauf des nächsten Jahres freiwerdende Forstamt Kaltenbronn in Gernsbach Ihnen weit eher entsprechen dürfte als St. Blasien mit seinen in jeder Beziehung andersartigen Besitz- und Bevölkerungsverhältnissen, 3665 ha bäuerlicher Privatwald im sogenannten Hotzenwald mit besonders ausgeprägter Mentalität der Bevölkerung.

Die Entscheidung über die Neubesetzung von St. Blasien wurde zurückgestellt. Sie wird frühestens in einigen Monaten getroffen werden können. Bis zu diesem Zeitpunkt ist anzunehmen, dass bekannt sein wird, ob Kaltenbronn frei werden wird oder nicht. Im Falle des Freiwerdens wir eine Bewerbung von Ihrer Seite bevorzugt berücksichtigt werden.

Mitte 1953 leitete Frevert neben dem Forstamt Forbach I auch in Vertretung für Oberforstmeister Leonhard das Forstamt Kaltenbronn in Gernsbach.

Am 15.6.1954 wurde er zum Amtsvorstand von Kaltenbronn ernannt. Die Dienstwohnung in Gernsbach war besetzt, so dass Frevert sich ein möbliertes Zimmer mieten musste und zwischen Forbach und Gernsbach Hin und Her pendelte.

Der damals bekannteste Hirsch seiner Zeit, der berühmte Schaufler.

Der Schaufler wurde täglich gut vom Revierförster gefüttert.

Eine unbefriedigende Lösung für einen Familienvater, und so entschloss er sich 1955 zum Bau eines Eigenheims, dem sagenumwobenen Haus „Rominten“.

Auf dem Wege des Erbaurechts wurde auf dem domänerarischen Grundstück Nr. 2396 in Gernsbach, eine Baugrube ausgehoben.

Als Frevert daran ging, die dort stehenden Bäume fällen zu lassen, wurde er angezeigt, die Bäume hätte einst der Markgraf von Baden gepflanzt und seien somit schützenswerte Naturdenkmäler.

Des Weiteren wurde Frevert als einstiger Nazihöfling von Göring beschimpft, der nun glaube, er könne in Gernsbach machen was er will.

Die Anzeige stellte sich als haltlos heraus und verlief im Sand.

Frevert hatte andere Sorgen, die ganze Zeit war er was Geldmittel betraf notorisch klamm und so bat er um einen Gehaltsvorschuss für den Hausbau in Höhe von 2500,-- DM mit einer monatlichen Rückzahlungsrate in Höhe von 125,--.

Walter Frevert war im Jahr 1955 mit Arbeit nahezu eingedeckt, neben seinem privaten Hausbau, stand sein Buch „Rominten“ vor der Fertigstellung, des Weiteren publizierte er seit 1950 jagdliche Themen in der Lokal- sowie überregional in der Fachpresse und im Rundfunk. Außerdem hatte der Jagdbetrieb auf dem Kaltenbronn dank Frevert einen unerhörten Aufschwung genommen, das Forstamt Kaltenbronn war 1954 „Staatsjagdrevier“ geworden.

Ganz zu Beginn seiner Amtszeit fertigte Frevert für die Regierung in Stuttgart ein Gutachten über die jagdlichen Verhältnisse sowie die einzuleitenden Maßnahmen an, um den Betrieb des Staatsjagdreviers Kaltenbronn zu sichern.

Darüber veröffentlichte Frevert nie ein einziges Wort in seinen Schriften, das war auch besser so gelinde gesagt, der Oberforstmeister war entsetzt über die bestehenden Zustände am Kaltenbronn.

Für die Bejagung des Rehwildes befürwortete er, aufgrund überaus niedriger Wildbretgewichte und der daraus resultierenden Gehörnbildung, den Totalabschuss, bemerkte aber, Rehe würden sowieso aus den benachbarten Forstämtern Enzklösterle und Wildbad, sowie aus den angrenzenden Pachtjagden wieder von alleine einsickern.

Bei den Hirschen sah es, wie wir ja schon wissen, nicht besser aus.

Frevert empfahl neben der Verbesserung der Äsungsverhältnisse, die bereits unter den Franzosen begonnen hatten, eine Intensivierung der Fütterung, und stellte abschließend fest, dass nach

Umsetzung aller Maßnahmen so wenigstens einigermaßen begehrenswerte Hirsche, die ein Geweihgewicht von 5–6 Kilo tragen, heranwachsen würden.

In seinem Buch „Das Jägerleben ist voller Lust und alle Tage neu“ und einem Artikel in der Pirsch „Das Rotwild im Nördlichen Schwarzwald“ beschreibt er die jagdlichen Verhältnisse und Trophäenqualität völlig entgegengesetzt.

Freverts jüngster Sohn Thomas mit HS-Hündin „Blanka vom Hessenwald“.

Wenn die Zeit doch nur ein bisschen still stehen könnte

Im Juli 1956 erkrankte Frevert an Herz- und Kreislaufstörungen, die geliebte Zigarre und Alkoholika, dazu der Stress und der Trubel dürften dies begünstigt haben. Frevert wurde im Krankenhaus der Barmherzigen Schwestern auf der Burg Eberstein ambulant behandelt und erholte sich gut.

Anfang 1957 bat Frevert erneut um einen unverzinslichen Gehaltsvorschuss:
Da ich noch etwa 4000,-- DM an unbezahlten Handwerkerrechnungen für den Bau meines Eigenheimes ausstehen habe, bitte ich zur Bezahlung dieser Schulden einen weiteren unverzinslichen Gehaltsvorschuss in Höhe von 2500,--DM bewilligen zu wollen.

Diesen Antrag stellte Frevert einen Monat bevor er sein altes Darlehen getilgt hatte, und rechnete wohl nicht mit den korrekten Badischen Kassenbeamten, der Antrag wurde abgelehnt.

Im gleichen Jahr erscheint nun „Rominten“ mit vollem Erfolg, und entsprechendem Honorar, so dass die auf Grund ihrer unbezahlten Rechnungen immer zudringlich werdenden Handwerker genossen gemacht werden konnten.

Des Weiteren wurde Frevert rückwirkend zum 1. April in die Besoldungsgruppe A 201 mit einem Gehalt von 1.466,-- im November desselben Jahres befördert.

Das Buch „Rominten“ war gleichzusetzen mit dem Sieg Deutschlands in der Fußball Weltmeisterschaft in Bern, der Deutsche, sprich Jäger war wieder wer, vor allem die Jäger unter den Ostflüchtlingen, sie wurden immer wieder schmerzlich an die verloren Heimat erinnert. Materiell ging es dank Wirtschaftswunder steil bergauf, aber die verlorene Heimat brachte keiner zurück.

Das schriftstellerische Schaffen Freverts ist beachtlich, wenn auch nicht alles in seinen Erzählungen wie zum Beispiel die Orte, Namen, Ereignisse Punkt genau stimmen, so trifft dies jedoch auf seine Schilderung von Nachsuchen und Jagderlebnissen absolut zu, hier wurde wirklich Erlebtes spannend zu Papier gebracht.

Frevert bekam durch seine Popularität viele Einladungen zu Jagden mit kostenfreier Verköstigung und Bewirtung, die er geschickt, dank seiner Autorität als Amtsvorstand, als Arbeitseinladung mit Dienstbefreiung zu tarnen vermochte.

Bei einer Einladung nach Afrika klappte es allerdings nicht ganz so reibungslos:
Herr Beck!
Oberforstmeister Frevert will im Januar und Februar 1959 zur Jagd nach Afrika. Er wollte auf Dienstbefreiung hinaus. Ich habe ihm erklärt, dass dazu keine Möglichkeit besteht. Die Frage ist nur, ob die Möglichkeit besteht, Urlaub im Vorgriff zu gewähren.

Wer wäre in diesem Fall zuständig? Zuletzt bleibt nichts übrig als Beurlaubung ohne Dienstbezüge.

Bitte machen Sie einen Verfügungsentwurf!

Antwort:
Um einen Jagdurlaub nach Afrika zu erhalten, gibt es für Frevert nur folgende Möglichkeiten:
1. Unbezahlter Urlaub,
2. Urlaubsvorgriff auf das Urlaubsjahr 1959.
In beiden Fällen wäre der Antrag dem MELF (Anmerkung Autor: zuständiges Ministerium) zur Entscheidung vorzulegen. Eine Dienstbefreiung kommt nicht in Frage, weil kein dienstliches und kein öffentliches Interesse an der Jagd in Afrika bestehen.

In den Fällen, in denen Dienstbefreiung möglich wäre, ist die Forstdirektion nur befugt, 6 Arbeitstage zu genehmigen.

Darüber hinaus ist die oberste Dienstbehörde zuständig.

Frevert schien offenbar zu bestimmten vorgesetzten Dienststellen ein besonders gutes Verhältnis gehabt zu haben.

Denn er bekam für eine Exkursion an den Neusiedlersee in Österreich, eine D.J.V. Sitzung, eine Hauptprüfung des Vereins Hirschmann in Westfalen und eine Einladung der Jägerschaft des Landes Kärnten, die auch noch rein „zufällig“ in der Gamsbrunft stattfand, allein 1958 8 Tage Dienstbefreiung.

Ab dem 18. Februar 1958 durfte er sich nun auch wieder offiziell Oberforstmeister nennen. Frevert hatte aber genügend Selbstbewusstsein, um sich schon beim Amtsantritt 1954 am Kaltenbronn 4

Jahre zuvor im Briefkopf Forstamt Kaltenbronn-Gernsbach „Oberforstmeister Frevert“, zu titulieren.

Am 20. Oktober wendete Frevert sich an die Ministerialforstabteilung:
Ich bin nach Tanganjika in Ostafrika eingeladen worden, um dort ein großes Jagdgebiet einzurichten. Damit die Reise sich lohnt und ich die mir gestellte Aufgabe erfüllen kann, bitte ich genehmigen zu wollen, dass ich meinen Jahresurlaub 1958/59 zusammenlegen darf.

Dementsprechend bitte ich um Urlaub vom 2.1.1959 bis 14.3.1959 nach Momella Tanganjika, East Afrika. Meine Vertretung wird Assessor Volz übernehmen. Während des größten Teils der beantragten Urlaubszeit haben wir in den letzten Jahren im Forstamt Kaltenbronn stets den gesamten Außenbetrieb wegen den Schneeverhältnissen stilllegen müssen.

Am 24. November wurde der Urlaub für das Jahr 1959 genehmigt.

Frevert bekam nicht nur Jagdeinladungen, sondern lud oft und gern selbst Gäste auf den Kaltenbronn ein.

Diese Einladungen fanden meistens zu kleinen forstinternen Drückjagden auf Kahlwild, weibliches Rehwild und Sauen statt.

Die Einladung auf Trophäenträger wie Auerhahn, Hirsch oder Rehbock war ausschließlich Sache des Ministeriums, wer aber in den Genuss einer Jagdeinladung bei Frevert persönlich kam, genoss ein sehr großes Renommee.

Bei einer dieser Drückjagden wurde der ehemalige Reichskanzler Franz von Papen eingeladen, Papen und Frevert hatten sich auf einer Saujagd in Bühl kennengelernt.

Freverts Pech war, dass dies jemand zum Anlass nahm, um die Sache nach oben weiterzuleiten, und diesmal kam ihm die politische Vergangenheit seines Gastes in die Quere.

Franz von Papen machte mit seinem abgesprochenen Rücktritt als Reichskanzler 1933 den Weg für Adolf Hitler frei. Von Papen stammte aus einem alten westfälischen Adelsgeschlecht. Er begann seine Karriere auf einer Kadettenschule, dem königlichen Pagenkorps am Hof des Kaisers, der Grundstein für eine steile Karriere, die ihn schnell in das diplomatische Korps des Kaiserreichs führte. In den zwanziger Jahren sorgte er immer wieder für Schlagzeilen als Politiker in der Weimarer Republik. Als Erfolg seiner politischen Karriere ist das Aussetzen der Reparationsforderungen des Versailler Vertrags zu sehen, die er im Juli 1932 auf der Konferenz von Lausanne erreichte. Nachdem Hitler mit entsprechender Hilfe zum Reichskanzler gewählt wurde, blieb von Papen bis 1934 Vize-Kanzler im Kabinett Hitlers. Von 1936 an bis Kriegsende diente er als Botschafter im Diplomatischen Dienst des Dritten Reiches, bei Kriegsende versteckte er sich in der Jagdhütte seines Schwiegersohnes in Meschede und wurde dort gefangengenommen und nach Nürnberg zu den anderen Angeklagten Kriegsverbrechern ins Gefängnis gebracht.

Hier wurde er 1946 in den Kriegsverbrecherprozessen von Nürnberg angeklagt und zur Empörung vieler freigesprochen. In dem anstehenden Entnazifizierungsverfahren fand er aber keine so milden Richter wie zuvor in Nürnberg und wurde zu 8 Jahren Arbeitslager verurteilt, ein Schock für Franz von Papen, der ein luxuriöseres Leben bis dato gewohnt war. Mit Hilfe einiger Freude kam er durch Amnestie 1949 wieder in Freiheit und landete schließlich in Obersasbach in

Forstpräsident Rupf mit erlegten Rothirsch mit dem für den Schwarzwald typischen schaufelartigen Geweih, er hatte den Geweihten bei Forstmeister Ebert in Enzklösterle erlegt, zuvor war er bei verschiedenen Brunften bei Frevert auf dem Kaltenbronn leer ausgegangen.

Baden, wo er auch 1969 verstarb. In Obersasbach angekommen dauerte es damals nicht lange, bis er zu einem anderen Westfalen Kontakte knüpfen konnte, Walter Frevert, und da man bei der Vergangenheit des Oberforstmeisters eins zum anderen zählte, war der Skandal perfekt.

Anruf von Präsident Rupf:
Im Landtag sei Ministerpräsident Dr. Kiesinger angegriffen worden, weil Herr von Papen auf die Staatsjagd Kaltenbronn eingeladen worden sei!

Ich habe darauf erwidert, dass darüber nichts bekannt sei.

Es könnte höchstens sein, dass es sich um eine andere nicht staatliche Jagd in Forstbezirk Kaltenbronn gehandelt habe oder um einen anderen Staatswald, dass habe auch die Vertretung Assessor Volz erklärt. Ein Erlass ist unterwegs!

Höchste Aufregung überall.

So rollte eine Lawine auf den Oberforstmeister zu, der merkte aber gar nichts davon, er jagte ja mit der 458er Magnum auf Büffel in Tansania.

Am 25. Februar stapelten sich bereits die Depeschen von Minister Leibfried im Postfach Freverts auf dem Forstamt in Gernsbach.

Im Gegenzug hatte man die Personalakte Freverts nach Stuttgart geschickt.

Jagdeinladung des Herrn von Papen:
Es ist mir bekannt geworden, dass Herr von Papen aufgrund einer Einladung von Ihnen am 17.12. 1958 auf der Staatsjagd Kaltenbronn auf weibliches Rotwild teilgenommen hat. Die Jagdeinladung an Herrn Papen in das Staatsjagdrevier Kaltenbronn hat erhebliches Aufsehen erregt und eine äußert ungünstige Aufnahme im Landtag und bei der Regierung gefunden.

Frevert meldete sich nach seiner Rückkehr aus Afrika erst einmal krank, eine schwere Grippe fesselte ihn ans Bett.

Und so hatte er auch eine kleine Verschnaufpause um Telefonate zu tätigen und sich eine Strategie zurechtzulegen, die die Wogen erst einmal glätten sollte.

Nach 4 Tagen Krankenstand schrieb er ans Ministerium in Stuttgart:

Da in der ersten Dezemberhälfte 1958 in verschiedenen Teilen des Reviers Kaltenbronn das Auftreten von Schwarzwild gemeldet wurde – wahrscheinlich verursacht durch die starke Buchelmast – wurde von mir am 12.1958 eine Druckjagd auf Schwarzwild, und da eine solche Jagd erfahrungsgemäß immer zweifelhaft ist, auch auf weibliches Rotwild angesetzt, zumal der Abschuss an weiblichen Rotwild noch nicht erfüllt war.

Es handelte sich um eine kleine Jagd mit verhältnismäßig wenig Schützen, deren Ergebnis je nach Witterungsverhältnissen außerordentlich zweifelhaft war. Ich gab daher dem Ministerium über die beabsichtige Jagd keine Nachricht, weil ich glaubte, dass es sich nicht lohnen würde von Stuttgart zu dieser Jagd herüber zu kommen. Wie es oft auf der Jagd geht, bekamen wir die Sauen überhaupt nicht vor, dafür klappte es beim Rotwild ganz überraschend gut, und wir schossen einen ungefegten Knopfspießer und sechs Stück Kahlwild. Alles Wild war richtig geschossen.

Ich habe zu dieser Jagd auch den ehemaligen Reichskanzler, Herr von Papen eingeladen, den ich seit etwa 3 Jahren kenne.

Herr von Papen hat auf der Jagd nichts geschossen.

Ich trug keinerlei Bedenken Herrn von Papen einzuladen, da mir bekannt war, dass Herr von Papen zu maßgebenden Politikern der heutigen Bundesrepublik engen Kontakt hat.

Am Schluss seiner Ausführungen bemerkt Frevert, dass Papen zur Goldenen Hochzeit eine Glückwunschadresse vom Ministerpräsidenten Gebhart Müller übersandt bekam, und somit zweifelsfrei feststehe, dass wenn ein Ministerpräsident Glückwünsche übersende, man Papen auch auf eine kleine Jagd ins Staatsrevier einladen dürfe.

Ein recht fadenscheiniges Argument, denn derartige Glückwünsche werden jedem Ehepaar in Baden-Württemberg das die Goldene Hochzeit feiert vollkommen automatisch übersandt.

Außerdem war von Papen nach dem Nürnberger Kriegsverbrechertribunal in einem erneuten Verfahren zu 8 Jahren Arbeitslager verurteilt worden, Frevert wusste davon.

Was ihn aber am meisten erboste war,

dass Abgeordnete im Schutze ihrer Immunität mich im Landtag beschimpft und beleidigt haben, denn die Bezeichnung „Leibjägermeister Hermann Göring" ist in gehässiger und beleidigender Form geraucht worden.

Ich habe inzwischen in der deutschen Presse aufgrund der Bestimmung des Pressegesetzes eine Berichtigung veranlasst.

Auch den Bayerischen Rundfunk werde ich veranlassen, seine tendenziösen und falschen Darstellungen zu berichtigen!

Seine verbrecherische NS-Vergangenheit, für die Frevert geschickterweise nie rechtskräftig verurteilt wurde, verfolgte ihn ständig wie ein dunkler Schatten, diesmal hatte es keine Folgen. Denn in seiner Personalakte wurde er im Entnazifizierungsverfahren als „Mitläufer ohne Sühnemaßnahme" bezeichnet, seine Angaben zur Sache im Verfahren würde man heute noch mit „sehr geschickt" formulieren.

Trotzdem wurde er von Minister Leibfried am 24. April nach Stuttgart einbestellt, um sich die Missbilligung des Ministers höchstpersönlich anzuhören.

Was Frevert aber am meisten getroffen hat, war, dass das Ministerium sich jegliche Einladung von Jagdgästen zur Zustimmung unter schriftlicher oder fernmündlicher Nennung der einzelnen Personen

Kord Hubertus Frevert, der älteste Sohn Freverts.

nun vorbehält, ihm, der sich so gerne im Schatten Prominenter aufhielt, war damit ein wichtiges Mittel der Selbstdarstellung genommen, wir können heute nur noch erahnen, wie ihn das verärgert hat.

Im September 1960 erscheint seine zweite belletristische Jagderzählung „Das Jägerleben ist voller Lust und alle Tage“ neu.

Frevert hatte seinen höchsten Popularitätsgrad erreicht, seine Sommer-Urlaube verbrachte er im Jagdhaus am Kaltenbronn. Ebenso in der Hirschbrunft hielt er sich dort gerne und oft auf.

Auf einen besonders kapitalen Hirsch, den sogenannten „Schaufler“, wurde Bundestagspräsident Dr. Eugen Gerstenmaier eingeladen.

Eugen Gerstenmaier wurde am 25. August 1906 in Kirchheim unter Teck, in Württemberg geboren.

Gerstenmaier stammte aus einfachen Verhältnissen und machte nach der Realschule eine Kaufmännische Lehre, die in seinem späteren Leben noch von unschätzbarem Vorteil sein sollte. Über den, wir würden heute sagen zweiten Bildungsweg, holte er das Abitur nach und studierte von 1930 an Germanistik, Philosophie und evangelische Theologie.

Seit den ersten Studientagen engagierte er sich stark in der evangelischen Kirche, ganz besonders in der Zeit des Dritten Reiches.

Frevert und Dr. Gerstenmaier vor der Revierförsterei.

Strahlende Gesichter, Frevert trägt wie immer keine Uniform.

1944 schloss er sich aus Überzeugung dem Widerstand an und reiste nach Berlin, nach dem gescheiterten Attentat wurde er verhaftet und wie durch ein Wunder nicht zum Tode, sondern nur zu 7 Jahren Zuchthaus verurteilt und zwar von dem Vorsitzenden Richter des Volksgerichtshofs, Roland Freisler. Das Kriegsende erlebte er im Gefängnis, 1949 trat er in die CDU ein und war von 1949 bis 1969 Bundestagsabgeordneter für den Wahlkreis Backnang-Schwäbisch Hall. Von 1956 bis 1966 war er stellvertretender Bundesvorsitzender der CDU.

Am 16. November 1954 wurde er zum Bundestagspräsidenten gewählt. Von 1957 bis 1959 führte er die Kommission Haushalt. In dieser Zeit kam Gerstenmaier seine kaufmännische Ausbildung zugute, er setzte sich stark für Bauvorhaben in Bonn ein, das neue gebaute Abgeordneten-Hochhaus in Bonn hieß im Volksmund nur noch der Lange Eugen. In dieser Zeit lernte Frevert Gerstenmaier kennen, Frevert hatte im Lauf der Jahre ein untrügliches Gespür entwickelt, als Rüdemann würde man sagen eine feine Nase, welche Personen seiner Karriere förderlich waren. Zu ihnen baute er durch seine gewinnende Art rasch eine persönliche Beziehung auf und verhielt sich ihnen gegenüber dafür absolut loyal. Die Freundschaft zu einem der prominentesten Baden-Württemberger seiner Zeit zahlte sich für Frevert, der oft ein gespanntes Verhältnis zu anderen Dienststellen hatte, letztendlich aus.

Eugen Gerstenmaier erlegte den kapitalen Schaufler nach 2 Jahren des vergeblichen Pirschens im August 1961.

Am 1. Mai 1961 wird er in die Besoldungsgruppe A 14 befördert, sein Gehalt steigt ein Jahr vor der Pensionierung auf monatlich 1946,-- DM.

Ein Arbeiter musste sich damals mit ca. 400,-- DM pro Monat in der Lohntüte begnügen.

Der Schaufler zur Schau gestellt im Kurhaus Kaltenbronn, das Tottrinken kann nun beginnen.

Ob es sich bei dem von Gerstenmaier geschossenen Hirsch wirklich um den richtigen Schaufler handelte?

So behauptete ein Pächter einer angrenzenden Gemeindejagd, er hätte den richtigen Schaufler noch nach dem Tag der Erlegung in seinem Revier mehrfach beobachtet, und ihn drei Jahre später bei einer Drückjagd in einer die Staatsjagd angrenzenden Abteilung als stark zurückgesetzten Hirsch erlegt.

Unter Frevert wurden Rübenbunker und systematische Fütterungen und Ansitztürme nach Rominter Vorbild gebaut. Sie sind heute verfallen oder dem Verfall anheim gegeben.

Bereits zu Ende seiner Amtszeit bestanden zwischen den Dienstvorständen der angrenzenden Forstämter und Frevert gewisse Spannungen, oft aus Neid. Insbesondere in der Forstdirektion Tübingen war man auf Oberforstmeister Frevert nicht gut zu sprechen.

Sehr geehrter Landforstmeister!

Da die Rotwildzählung in den vom Kollegen Frevert willkürlich festgelegten Rotwildkerngebiet in Kaltenbronn auf die persönliche Initiative von ihm zurückgeht, war es bisher nicht üblich, die Ergebnisse dieser Zählung unmittelbar nachher der Forstdirektion Tübingen vorzulegen. Es war seiner Zeit lediglich die mündliche Weisung des Jagdreferenten eingeholt worden, ob sich die in Frage kommenden württembergischen Forstämter an dieser Zählung beteiligen wollen.

Die Forstdirektion hat seiner Zeit im Hinblick auf das zeitweise gespannte Verhältnis mit Herrn Frevert angeordnet, dass die Forstämter die Zählung durchführen sollen.

Die Ergebnisse wurden von den Forstämtern in den Jagdbetriebsplan übernommen. Der dort aufgeführte Wildstand entsprach immer den an Kollegen Frevert mitgeteilten Zahlen.

Vermutlich hat die Forstdirektion Tübingen auf eine Meldung des Zahlergebnisses verzichtet, weil sonst die „Frevertsche Zählung“ einen offiziellen Charakter bekommen hätte, was im Hinblick auf das ihm nachgesagte Bestreben, im Staatswald um den Kaltenbronn herum ein Jagdgebiet nach Art von Rominten zu bilden, vermieden werden sollte.

Gezeichnet Speer, Forstmeister

Das Rotwildgebiet Enz-Murg

Bei Freverts Amtsantritt 1954 auf dem 3.360 ha großen Forstamt Kaltenbronn begann er sofort systematisch die Wildstände per Zählung zu erfassen, um daraus den Abschussplan für das darauf folgende Jahr zu erstellen.

Er fasste 18.128 ha Rotwildjagden zusammen, um eine einheitliche Planung der Hege und Bejagung des Rotwildes zu ermöglichen.

Parallelen ergaben sich aus seiner Zeit in der Rominter Heide, das von ihm einstmals verwaltete Forstamt Nassawen umspannte 7 Revierförstereien mit einer Fläche von 6.721 ha und das Oberforstamt Rominter Heide mit 4 Forstämtern eine Gesamtfläche von 25.019 ha.

Die Voraussetzungen im Nördlichen Schwarzwald waren grundsätzlich anders geartet. Die Rominter-Heide war von 1890 bis zur Abdankung 1918 das „allerhöchste Pürschrevier" seiner Majestät dem deutschen Kaiser. Viele versumpfte Wiesen wurden meloriert und in Wildwiesen umgewandelt, die dem Rotwild zur Verfügung standen. Im Jahr der Abdankung ließ sich Kaiser Wilhelm die Jagdbetriebskosten in der Rominterheide noch 56.000,-- Goldmark kosten, eine unvorstellbare Summe, eine Haushaltshilfe verdiente bei ihrer Herrschaft zur damaligen Zeit 700,-- RM im ganzen Jahr!

Selbst in der Weimarer Republik flossen Geldmittel.

Nach der Machtergreifung wurde Nazigröße Hermann Göring oberster Jagdherr, und Geld schien überhaupt keine Rolle mehr zu spielen, zwar schränkte der Kriegsausbruch die maßlose Fütterung mit Kraftfutter ein wenig ein, der größte Unterschied war jedoch – die Rominter Heide war gegattert.

Den Frühjahrsbestand errechnete man 1954 für das genannte Rotwildgebiet Enz-Murg mit einen Gesamtbestand von 302 Stück, der Abschuss wurde auf 168 Stück festgesetzt, davon 50 Stück für den Kaltenbronn.

Frevert merkte schnell, dass die Zahlen zu niedrig waren und bezog die angrenzenden Pachtjagden mit in Zählungen ein, trotzdem stieg der Rotwildbestand stetig an, 1962 betrug der Abschuss schon weit über 100 Stück Rotwild im Forstamt. Die Gesamtfläche der Hegegemeinschaft Enz/Murg betrug 1962 21.448 ha, der Gesamtabschuss wurde mit 463 Stück Rotwild getätigt.

In der gesamten Amtszeit Freverts wurden in dem Staatsjagdrevier Kaltenbronn 1063 Stück Rotwild erlegt.

Verschiedentlich liest man, Frevert hätte am Kaltenbronn weit über 200 Hirsche selbst erlegt und noch weitaus mehr Kahlwild. Derartige Berichte gehören nach den vorliegenden Zahlen in die Rubrik Märchenerzählung, genauso wie die Legendenbildung um die angebliche Standortrasse des Rominter Rothirsches.

Verbrieft ist jedoch die in den letzten Jahren seiner Amtszeit nachlassende Schießleistung und der vermehrte Konzentrationsmangel Oberförster Merkels:

Während er früher auf dem Schießstand hervorragend geschossen hat, erzielte er nach seiner Rückkehr aus Afrika nur noch mittlere und sogar schlechte Ergebnisse, 1961 schoss er an drei verschiedenen Tagen einen Rotspießer dreimal glatt vorbei, was ihn sehr deprimierte.

Der Kegelbach am Kaltenbronn. Freverts letzte HS-Hündin stellte hier einmal einen kranken Hirsch im Bachbett.

Der Meister gibt letzte Anweisungen.

Der Schaufler liegt hirschgerecht zur Strecke.

Verfallener Rominter Ansitz Turm aus der Zeit Freverts.

Frevert steht symbolisch für den Wandel in der jagdlichen Gesinnung und dem Denken der Forstverwaltungen.

Frevert verkörperte noch den typisch deutschen Forstmann, der seine Laufbahn einer auf tradierendes Handeln ausgerichteten Beamtenschaft verdankte. Untrennbar war die Jagd mit dem Beruf verbunden, das bedingte das Festhalten und die Weitergabe der Tradition, und gehörte wie selbstverständlich zum Berufsstand.

Er machte keinen Hehl daraus, dass ihm jedweder Richtungswechsel ein Gräuel war. Doch die Entwicklung weg vom Agrarstaat durch die Industrialisierung, aus der sich eine Dienstleistungsgesellschaft hervortat, konnte Frevert auch durch Appelle nicht aufhalten.

Wo Streuobstwiesen standen sind heute Neubau- und Industriegebiete und es spielt keine Rolle mehr, ob sie im norddeutschen Tiefland, oder an der Grenze zu Polen, oder in einem unberührten Schwarzwaldtal entstehen, sie sehen ohnehin alle gleich aus mit ihrer mit Kunstharz verputzten Plastikfensterfassade.

Kommerz siegt eben über Vernunft.

Auch das Staatsjagdrevier Kaltenbronn wurde aufgelöst.

Wo es keinen König mehr gibt, wozu braucht man da noch einen Palast?

Kastanien in der Brotenau, Frevert ließ sie pflanzen.

Tagebucheintrag Nr. 921, Meldung:

Am 30. Juli 1962 gegen 20.45 Uhr hat der Dienstvorstand des Forstamtes Kaltenbronn, Oberforstmeister Walter Frevert, einen tödlichen Jagdunfall erlitten.

An die Forstdirektion
Walter Groll,
Holzgroßhandlung, Hamburg 03.08.1962

Sehr geehrter Herr Oberforstrat!

Wie ich soeben aus der Tageszeitung zu meinem großen Entsetzen ersehe, ist der weit über Deutschland hinaus bekannte, in Ihrem Forstbezirk tätig gewesene Herr Oberforstmeister Walter Frevert durch einen unglückseligen Jagdunfall ums Leben gekommen.

Es ist mir als früherer Privatjäger aus Danzig ein Bedürfnis, Ihnen zum Ableben dieses bewährten Mannes meine aufrichtige Anteilnahme zum Ausdruck zu bringen.

Ich darf in diesem Zusammenhang bemerken, dass ich seine Bücher über Rominten und nicht zuletzt seine Abhandlungen in der

Jagdzeitschrift „Wild und Hund", insbesondere den schwierigen Abschuss eines Hirsches in seinem Revier, durch den Bundestagspräsidenten Gerstenmaier, mit großem Interesse gelesen habe, gern gedenkend der schönen Stunden, die ich früher auf Jagden verlebt habe.

Da ich Frau Frevert nicht kenne und auch sonst in keinem dienstlichen Verhältnis als Käufer des betreffenden Forstamtes stand, habe ich mir erlaubt, diese Anteilnahme Ihnen gegenüber und nicht Frau Frevert zum Ausdruck zu bringen.

Untersuchungsbericht, Dienstunfall

Auf Vorladung erscheint Revierförster Mohr, Försterei Brotenau und macht, mit dem Gegenstand der Verhandlung vertraut gemacht, folgende Angaben:

Am 30.7.1962 gegen 17:00 Uhr war Oberforstmeister Frevert zur Besprechung von Dienstangelegenheiten in der Brotenau. Von hier fuhr er gegen 17:30 Uhr weiter in Richtung Dürreych. Beim Fortgang sagte mir Oberforstmeister Frevert noch, dass er abends noch auf den „Stuttgarter Hochsitz" wolle, um Hirsche zu bestätigen, da am 10. August bereits Jagdgäste kommen würden.

Ich ging gegen 18:45 Uhr nach Abt. 1 45, etwa 400 m von der Försterei Brotenau, auf einen kleinen Hochsitz. Um 19:00 Uhr etwa, hörte ich in Richtung Retzenlohhütte einen Schuss. Gegen 19:45 Uhr verließ ich in Richtung den Hochsitz und fuhr mit meiner Frau auf der Talstraße in Richtung Lochbrunnenhüte. 200 m vor der Hütte sah meine Frau unterhalb der Talstraße ein Stück Rehwild. Ich fuhr noch 100 m weiter, hielt an und pirschte zurück. Ich sah, dass es eine Rehgeiß war und ging zum Wagen zurück. In diesem Augenblick hörte ich eindeutig einen Schuss fallen. Die Richtung kann ich nicht angeben, da ich mich völlig im Tal befand. Es dürfte etwa 20:30 Uhr bis 20:45 Uhr gewesen sein. Ich fuhr dann mit meiner Frau über den Postweg nach Hause. Abends verglich ich mit Revierförster Degen die Schüsse – wie wir es gewöhnlich zu tun pflegen – der den zweiten Schuss jedoch nicht gehört hatte. Bei diesem Gespräch erwähnte Degen, dass Oberförster Frevert nicht auf den „Stuttgarter", sondern auf den „Grassitz" gegangen sei.

Am 31.7.1962 fuhr ich gegen 5:30 Uhr zur Kreuzlehütte, um vom Kulturwart Wieland, Reichental, meine Forstamts- und Privatpost in

Empfang zu nehmen. Gegen 6 Uhr kam Oberförster Merkel zur Hütte gefahren, da er erfahren hatte, dass ich mich dort befand.

Er sagte mir, dass Oberforstmeister Frevert vom gestrigen Abendansitz noch nicht zurückgekommen sei.

Merkel und ich fuhren zur Retzenlohhütte, wo wir den PKW von Frevert unverschlossen vorfanden. Beim Grassitz fanden wir neben der Hochsitzleiter Mantel, Zielfernrohr, Jagdglas, Zielstock, Sitzkissen und Vesper liegen.

Während Merkel die Kultur absuchte, streifte ich die nähere Umgebung des Hochsitzes ab. Nun traf auch Revierförster Degen ein.

Wir beschlossen einen etwa 100 m breiten Streifen der vorgelagerten Dickung zu durchkämmen. Wir riefen andauernd den Namen des Hannoverschen Schweißhundes von Oberförster Frevert.

Frevert und Gerstenmaier vertieft im Gespräch.

Nach einiger Zeit rief Degen: Ich höre den Hund!

Ich verständigte Merkel, und wir gingen in die Richtung von Revierförster Degen. Während Degen sich mit dem Hund beschäftigte, sahen wir uns in dem dichten Gestrüpp um und sahen dann auch gleich Oberforstmeister Frevert zwischen vier Fichten auf dem Rücken liegen. An der gelblich-weißen Gesichtsfarbe sahen wir sofort, dass Oberforstmeister Frevert tot war. Wir mussten stehen bleiben, da uns die Hündin nicht näher heran ließ. Wir nahmen an, dass Oberforstmeister Frevert einem Herzschlag erlegen sei.

Oberförster Merkel fuhr nach Kaltenbronn zurück, um Frau Frevert und Forstmeister Volz zu verständigen. Nach gut einer Stunde kam Frau Frevert und wir begleiteten sie zur Unglücksstelle. Später traf dann auch Forstmeister Volz mit der Polizei ein.

Degen entfernte nun den Hund. Die Polizei stellte dann fest, dass Oberforstmeister Frevert in der linken Brustseite einen Schuss hatte. Seine Büchse lag links neben ihm. In der rechten Hand hielt er noch den Schweißriemen, an dem der Hund angeleint war.

Soweit der Bericht von Revierförster Mohr.

Untersuchungsergebnis der Kriminalpolizei:
Tödlicher Jagdunfall. Durch Schussverletzung des Herzens, der Lunge, der Leber, und des Querdarmes.
Einstellung des Verfahrens am 20.9.1962, es liegt ein Unfall vor.
Staatsanwaltschaft Baden-Baden.

Dienstunfall ja oder nein?

An das Ministerium, Stuttgart

Wir legen die Akten der Staatsanwaltschat Baden-Baden und unsere Untersuchungsakten vor.

Die Feststellungen sprechen dafür, dass die Büchse von Oberforstmeister Frevert nicht gesichert war. War das der Fall, so muss das Verhalten als solches für grob fahrlässig angesehen werden. Wir kommen aber abschließend zu dem Ergebnis, dass unter Berücksichtigung aller Umstände von einer groben Fahrlässigkeit nicht die Rede sein kann. Eine solche Annahme würde bei Anerkennung des bisherigen Rechts dazu führen, dass die Unfallfürsorge verweigert werden müsste.

1 km Riemenarbeit, 400 m Hetze, Schmaltier mit hohem Vorderlaufschuss erfolgreich nachgesucht durch Förster a. D. Gerd Sarow am 5. Januar 2005.

Wir gelangen aus folgenden Gründen zu Verneinung der Fahrlässigkeit:

Wir glauben, dass bei Oberforstmeister Frevert in den letzten beiden Jahren ein erhebliches Nachlassen der Reaktionsfähigkeit und des Konzentrationsvermögens festzustellen war.

Wir sind des Weiteren der Meinung, dass der rasche Abfall seiner geistigen und teilweise auch körperlichen Kräfte dadurch bedingt war, dass er nach außen hin sich krampfhaft bemühte, die Mängel zu verdecken und die frühere amtsbekannte straffe Haltung weiterhin beizubehalten.

Jeder, der sich in der Ausübung der Jagd auskennt, weiß, dass sich Fehlleistungen bei dem Umgang mit Waffen viel häufiger ereignen, als man gemeinhin annimmt.

Es lässt sich nicht von der Hand weisen, dass einige Umstände auf Selbstmord hindeuten können.

Übertrieben sorgfältige Ablage der Jagdausrüstung unter dem Hochsitz, die absolut tödliche Wirkung des Schusses und schließlich der Verlauf des Schusskanals.

Wir weisen noch darauf hin, dass die Bemerkung der Staatsanwaltschaft vom 21.9., dass das von Oberforstmeister Frevert geschossene bzw. angeschossene Schalenwild inzwischen gefunden worden ist, nicht zutrifft.

Wir beantragen, den Jagdunfall von Oberforstmeister Frevert als Dienstunfall anzuerkennen.

Nicht einmal Tote haben Ruhe

Am 3. August 1966 traf ein Schreiben der Regierungsoberkasse Freiburg im Haus Rominten ein.

Sehr geehrte Frau Frevert,

wir nehmen Bezug auf die zugestellte Kassenanweisung des Regierungspräsidiums Südbaden vom 26. November 1965, wonach sich die Ihnen zustehenden Versorgungsbezüge auf 1.659,25 DM brutto belaufen. Dieser Betrag wurde Ihnen auch tatsächlich und bis zum 1. Januar 1966 gezahlt. Eine Mitteilung über eine Erhöhung dieser Bezüge haben Sie zwischenzeitlich nicht erhalten. Infolge eines bedauerlichen Vorhersehens unserer Buchhaltung werden seit dem 1.2.1966 statt 1.659,25 DM brutto 1959,25 DM brutto gezahlt, so dass sich für die Zeit vom 1.2.1966 bis 31.7.1966 eine Mehrzahlung von 6x300 DM= 1800 DM ergibt.

Diese unbegründete Erhöhung dürfte Ihrer geschätzten Aufmerksamkeit nicht entgangen sein.

Diesen Betrag müssen wir zu unserem Bedauern von Ihnen leider zurück erheben. Wir bitten um bald fällige Überweisung auf eines unserer Konten.

Hochachtungsvoll im Auftrage gez. Mohr

Eigentlich kennt man ja so etwas. Man bekommt zuviel Geld von einer Behörde oder einem Amt und denkt, besser zu viel als zu wenig, denn den Fehler hab ich ja selbst gar nicht gemacht, das böse Erwachen kommt aber spätestens wenn die Behörde ihren Irrtum bemerkt.

Heinke Frevert machte jedoch die Flucht nach vorne und wandte sich in bewährter Manier an den, wie der Schwabe sagt, Schmied und nicht das „Schmiedle".

An den Regierungsdirektor Dr. Katzenmeier, 5.8.1966
Forstdirektion Südbaden

Auf eine Anfrage bei der Oberkasse Südbaden hin, was es mit unterschiedlichen monatlichen Überweisungen für eine Bewandnis habe, bekam ich heute Antwort, welche ich in Abschrift bei lege.

Ich war ehrlich genug die bisherigen hohen Beträge seit 1. Februar 1966 zu melden, bin aber weder gewill, noch in der Lage den Zuvielbetrag von 1.515,10 DM, der auf dortigen Irrtum beruht, im Ganzen zurückzuzahlen, zumal ich durch dringende Reparaturen an meinem Haus Rominten zur Zeit sehr große Ausgaben habe.

Ich wäre Ihnen sehr dankbar lieber Herr Katzenmaier, wenn Sie mir Vorschläge machen könnten, wie wir diese Angelegenheit zur beiderseitigen Zufriedenheit lösen könnten und grüße Sie, mit bestem Dank im Voraus herzlich

Ihre Heinke Frevert

Leider war der Herr Regierungsdirektor Katzenmaier im Urlaub und so erhielt Frau Frevert ein weiteres Schreiben der Regierungsoberkasse:

Sehr geehrte Frau Frevert,

Aufgrund der Ihnen vom Regierungspräsidium Südbaden übersandten Kassenanweisung waren an Sie im Januar 1966 und in den folgenden Monaten 1.659,25 DM zu zahlen. Anlässlich der maschinellen Vorbereitung der Februar Zahlung 1966 hat unsere Maschinenbucherin irrtümlich statt 1.59,25 DM einen Betrag von 1.959,25 DM gedruckt und für die folgenden Monate vorgemerkt.

Dadurch wurden 6x300,- DM zu viel überwiesen, auf deren Rückzahlung wir nicht verzichten können. Sie erhalten daher anbei ein formgerechtes Leistungsgebot mit der Bitte, die Überzahlung umgehend zurückzuzahlen oder, falls Sie aufgrund Ihrer wirtschaftlichen Verhältnisse derzeit nicht in der Lage sind, uns innerhalb von 14 Tagen Vorschläge zu unterbreiten, in welcher Weise Sie die Mehrzahlungen abdecken wollen. Die Vorschläge bedürfen dann der Genehmigung des Regierungspräsidiums.

Unsere Rückzahlungen begründen wir wie folgt:

Eine monatliche Mehrzahlung von 300,-- DM brutto ist so erheblich und offensichtlich, dass Sie von Ihnen hätte bemerkt werden müssen. Es gehört unter anderem zu den Pflichten eines Empfängers von Dienst- oder Versorgungsbezügen, dass er die an ihn ausgezahlten Bezüge auf ihre Richtigkeit überprüft und eventuell Unstimmigkeiten der zuständigen Kasse sofort mitteilt. Dies haben Sie aber leider unterlassen. Dass Sie jedoch durchaus in der Lage sind, die Ihnen zugegangenen Kassenanweisungen mit unseren Zahlungen zu vergleichen, geht aus Ihrem Schreiben vom 26.8.1966 hervor, mit dem Sie eine Nachzahlung reklamieren. Hierzu bemerken wir noch, dass die Bearbeitung dieser Nachzahlung erst dann möglich ist, wenn Sie sich bindend zur Bereinigung der Überzahlung geäußert haben.

Hochachtungsvoll, gez. Weber

Typisch Deutsche Behörde! Lieber die Sache verkomplizieren, anstatt die zuviel bezahlten Beträge wieder in Raten jeden kommenden Monat in Abzug zu bringen.

Derartigen Schreiben ausgesetzt bot Heinke Frevert der Kasse an, die Beträge in Raten von 300,--DM zurückzuzahlen, falls die gewillt ist, die Genehmigung dazuzugeben.

Am 9.9.1966 erhält Frau Frevert Hilfe von höchster Stelle.

Regierungsdirektor Katzenmeier
Liebe Frau Frevert!

Ich habe mich natürlich um Ihre Sache gekümmert, konnte das allerdings erst tun nach meiner Rückkehr aus dem Urlaub. Wegen Ihres neuen Vorschlags hat sich Herr Oberamtsrat Heilmann auf meine Bitte hin mit der Regierungsoberkasse Südbaden und der allgemeinen Versorgungsstelle beim Regierungspräsidium Südbaden in Verbindung gesetzt. Die beteiligten Dienststellen wollen auf Ihren Vorschlag eingehen.

Zur formellen Seite wäre noch zu bemerken, dass Sie nunmehr mit einem offiziellen Antrag auf der Basis Ihres Briefs an die Versorgungsstelle beim Regierungspräsidium Südbaden-Abteilung II Freiburg herantreten müssten mit der Bitte, ihrem Vorschlag zuzustimmen. Die beteiligten Dienststellen haben darum gebeten, Sie möchten die von Ihnen vorgeschlagenen Zahlungstermine gewissenhaft einhalten.

Die Raten sind auf das Postscheck-Konto Karlsruhe Nr. 62380 zu

Gunsten Buchhaltung VIII der Regierungsoberkasse Freiburg einzubezahlen.

Mit herzlichen Grüßen Ihr RD Katzenmeier

Warum etwas auf einfachste Weise erledigen, wenn es doch auch kompliziert geht.

Walter Frevert ist heute im Schwarzwald und in Baden-Württemberg völlig vergessen, obwohl er für die Hege und Bejagung des Rotwildes im Nördlichen Schwarzwald Pionierarbeit geleistet hat. Ganz geschweige von seinem jagdliterarischen Schaffen, dass er in seiner letzten Heimat Gernsbach schuf.

So endet dieses Kapitel mit den Worten Walter Freverts:

„Im Anfang war die Jagd, und erst dann kam die Forstwirtschaft!"

Weidmannsheil in der Hirschbrunft.

26 12 03

Der Wald passt nicht zum Wild

Jüngerer Kronenhirsch.

Der Baiersbronner Kartoffelhirsch oder wie man einen Kronenhirsch zum Wohle der Landwirtschaft erschießt.

Der Freudenstädter Zahnarzt Gustaf Decker stellte am 3. September 1960 einen recht originellen Antrag an das Kreisjagdamt in Freudenstadt.

Per Boten:
Ich beantrage hiermit den Abschuss eines Kronenhirsches für meine Jagdpachtreviere Baiersbronn-Hirschkopf und Freudenstadt-Hüttenteich nach §3, Abs. 2, der Verordnung des Ministeriums für Ernährung, Landwirtschaft und Forsten über die Bildung von Rotwildgebieten, vom 28. März 1958 (Ges.Bl.s.121).

Begründung:

Beide Reviere liegen außerhalb der Rotwildhegegebiete. Seit 1957 habe ich in steigendem Maße durch Rotwild verursachte Schäden an den landwirtschaftlichen Pflanzungen bezahlen müssen. Dabei habe ich bei wiederholten Ansitzen in der genannten Zeit feststellen müssen, dass der Hauptverursacher ein Kronenhirsch ist, der sowohl im Revier Baiersbronn-Hirschkopf als auch im Revier Freudenstadt-Hüttenteich seine Fährte zeigt. Nach den neusten Beobachtungen verlässt der genannte Hirsch seit einem Jahr die Reviere überhaupt nicht mehr.

Da die Schäden an den zurzeit reifenden Pflanzungen (Getreide und Kartoffel) beträchtlich sind, bitte ich um Bestätigung (Nicht Genehmigung!!) meines Antrags.

Hochachtungsvoll G. Decker

Da rieb man sich doch ein wenig verwundert die Augen im Freudenstädter Kreisjagdamt. Den Antrag eines Jagdpächters für den Abschuss eines Kronenhirschs nicht zu genehmigen, sondern einfach nur zu bestätigen war ein Novum. Aber bevor das Kreisjagdamt überhaupt reagieren konnte, trifft am 7.9.1960 ein freundlicher und pflichtbewusster Brief von Herrn Decker ein.

An das Kreisjagdamt Freudenstadt:

Betr: Meldung eines Rotwildabschusses
Hiermit melde ich den Abschuss eines Hirsches im Revier Baiersbronn Hirschkopf an. Sein Leben dürfte mit acht Jahren ein erfülltes gewesen sein! Der Hirsch wurde von mir selbst am 4. des Monats erlegt, weil festgestellt war, dass eben dieser Hirsch alle bis dato gemeldeten Schäden verursacht hat.

Freudenstadt den 6. September 1960

Das hat vorzüglich geklappt, Antrag auf einen nicht zum Abschuss freigegebenen jungen schadenverursachenden Kronenhirsch zum Bestätigen an das Kreisjagdamt per Boten geschickt, alles nur reine Formsache, sicherheitshalber den Herren noch die Rechtslage per Verordnung des Ministerium erklärt, den Kronenhirsch einen Tag nach Antrag (bevor der Hirsch noch abhaut) höchstpersönlich inflagranti umgenietet.

Weidmannsheil!

Aber nachdem der Hirsch tot getrunken war, kamen bei dem Erleger einige Selbstzweifel auf, die den Hirschjäger veranlassten, wiederum per Boten dem Kreisjagdamt die Vorgeschichte und die Erlegung selbst zu schildern:

ANHANG zu meinem Antrag auf Kronenhirschabschuss, v. 2.9.1960 und meiner Abschussmeldung vom 6.9.1960

Seit vorgestern ist mir durch 3 meiner Jagdgäste bekundet worden, dass ihnen der genannte Kronenhirsch bei Drückjagden in Freudenstadt-Hüttenteich schon auf kurze Entfernung zugestanden hat. Er habe damals eine noch eher wuchtigere Trophäe getragen.

Gesehen habe ich ihn letztmals bei einem Frühansitz in der oberen Viehgasse (Hüttenteich) am 15.7. des Jahres in einem von ihm fast völlig zerstörten Kartoffelacker (Bauer Wurster). Im gleichen Acker hatte er schon vorher 40% der Saatkartoffeln herausgeschlagen. Anfang August hatte mir ein Bürger aus Friedrichstal berichtet, er beobachte schon mehrere Morgen von seinem Fenster aus, dass ein starker Hirsch, den er schon über 4 Jahre kenne, den Klumpschen Kartoffelacker schwer heimsuche.

Nach zwei erfolglosen Ansitzen am Haus habe ich dann den Acker mit Verwitterungsmittel und einem Geräuschapparat versorgt.

Leider ohne Erfolg. Am 10.8. habe ich dann in der Nähe eine Hochsitzleiter aufgestellt und saß dort zwei Nächte wieder erfolglos an.

Nach meiner Rückkehr aus der Klinik in Tübingen am 29.8. wurden mir Kartoffelschäden von 7 verschieden Besitzern (Wurster, Finkbeiner, Klumpp, Kungler, Frey und Frey) bis zu einer Höhe von 40% Gesamtschaden gemeldet. Bei einem Reihenansitz mit drei anderen Jägern in alle Schadgebiete verteilt in den Nächten zum Freitag und Samstag letzte Woche habe ich jeweils den genannten Kronenhirsch im Klumppschen Kartoffelacker gesehen.

Wegen des bedingten Totalschadens an ca. 5 Morgen Kartoffelanpflanzungen habe ich sofort nach den gesetzlichen Bestimmungen: wenn dies zur Verhinderung übermäßigen Wildschadens erforderlich ist, einen Abschussantrag an das Kreisjagdamt eingereicht.

In der folgenden Nacht zum Sonntag 4.9. um 1 Uhr schlug ein starkes Stück Rotwild bei sehr mäßigem Licht in besagtem Acker wieder Kartoffeln heraus. Mit letzter Energie konnte ich meine Kugel loswerden, und mit Blattschuss lag der BERÜCHTIGTE 14-ENDER KRONENHIRSCH auf seiner Decke. Sankt Hubertus sei mir gnädig!

Gleichwohl was es für ein Stück Rotwild gewesen wäre, ich hätte schießen müssen, um auch der Landwirtschaft zu beweisen, dass der Jäger ihre berechtigten Belange wahrnimmt.

Laut Waagschein vom hiesigen Schlachthof wog der Hirsch aufgebrochen und ohne Haupt 136 kg.

Sollten über die Glaubwürdigkeit meiner Angaben Zweifel bestehen, so beantrage ich eine in Augescheinnahme der Schadäcker durch das Kreisjagdamt, wobei ich sehr gerne bereit bin die Führung zu übernehmen.

Grundsätzlich kann von mir und meinen Jagdgästen der Beweis angetreten werden, dass der genannte Kronenhirsch meine Pachtreviere nur kurzzeitig verlassen hat.

Mit der Bitte, um eine wohlwollende und gerechte Beurteilung meines Anliegens schließe ich meine Worte
mit einem Weidmannsheil!

Die wohlwollende und gerechte Beurteilung ließ nicht allzulange auf sich warten, denn am 23. September traf ein höfliches aber bestimmtes und sehr knappes Schreiben bei dem Herrn Zahnarzt ein.

An Herrn Gustav Decker

Betr: Erlegung eines Kronenhirsches außerhalb des Rotwildgebiets Nördlicher Schwarzwald.

Eine nachträgliche Abschussgenehmigung für den erlegten Kronenhirsch kann aus grundsätzlichen Erwägungen nicht erteilt werden.

Die Trophäe ist bis spätestens 26.9.1960 vorzulegen!

In Vertretung Regierungsrat

So was, Abschussantrag ablehnen und auch noch Trophäe sprich Geweih vorlegen, wer sind die überhaupt?

Erstmal Zeit schinden, dachte Zahnarzt Decker.

An das Kreisjagdamt Freudenstadt.
Betr: Vorlegen der Trophäe

Ich bitte die verzögerte Vorlage meiner erbeuteten Trophäe entschuldigen zu wollen.

Nach einer rauen Schälung war ich bis jetzt nicht in der Lage, die endgültige Säuberung vorzunehmen.

Auch muss ich mich in den nächsten Tagen in die chirurgische Abteilung der Klinik Tübingen begeben.

Ich hoffe in den nächsten Tagen das Versäumte nachzuholen.

Hochachtungsvoll Gustav Decker

Am 10. Oktober wurde ein Bußgeldverfahren gegen den gesetzeskundigen Nimrod eingeleitet.

Hier die Niederschrift der Vorladung zur Anhörung des Herrn Gustav Decker:

Der Beschuldigte erklärt zur Anhörung,

Am Mittwoch den 31.8.1960 habe ich durch Herrn Weber aus Friedrichstal erfahren, dass seit 4 Tagen jeden Morgen in der Dämmerung ein Hirsch oben stünde, d. h. im Kartoffelacker des Sägers Klumpp und dass dies ein Kronenhirsch sei. Der erwähnte Kartoffelacker befände sich mitten in dem Jagdgebiet, welches ich von der Gemeinde Baiersbronn gepachtet habe. In der Nacht von Donnerstag auf

Freitag bin ich dann angesessen. Desgleichen am Freitagabend bis 23 Uhr und habe feststellen müssen, das dies ein Kronenhirsch sei. Gleich bei meiner Rückkehr nach Hause am Abend schrieb ich einen Antrag an das Kreisjagdamt, den meine Frau am Samstagmorgen den 3. zum Kreisjagdamt brachte. In der Nacht vom Samstag zum Sonntag habe ich dann den Hirsch bei schlechtem Mondlicht im Kartoffelacker von hinten stehen sehen. Wobei ich wegen herunterhängender Äste das Haupt überhaupt nicht sehen konnte. Ich habe dann dieses Stück Rotwild mit letzter Energie auf die rechte Körperseite geschossen.

***Frage**: Hätten Sie auch geschossen, wenn Sie gewusst hätten, dies ist der Kronenhirsch?*

***Antwort**: Ich hätte geschossen, wenn ich…… Aber dies kann man so nicht beantworten.*

***Frage**: Hätten Sie geschossen wenn sie gewusst hätten dies Tier ist der Kronnenhirsch?*

***Antwort**: Diese Frage kann ich nicht beantworten!*

***Frage**: Warum nicht?*

***Antwort**: Weil es auf die einzelne Situation ankommt!*

***Frage**: Haben Sie, bevor sie den Antrag an Kreisjagdamt gestellt haben, das Forstamt Baiersbronn unterrichtet und um Erlaubnis zum Abschuss eines Kronenhirsches gefragt?*

***Antwort**: Der Betroffene haut mit der Faust auf den Tisch und ruft: Ich verbitte mir diese Frage, ich lasse mich doch nicht von Ihnen zum Lausbub machen! Wie kommen Sie dazu, diese Frage zustellen? Ich werde mir das für die Jagdpresse aufsparen, merken Sie sich dass!*

Der Betroffene wurde zur Ordnung gerufen, daraufhin setzte er sich wieder hin. Nachdem der Unterzeichnende begann, die letzten Fragen der Schriftführerin zu diktieren, stand der Betroffene auf, nahm seinen Mantel und verließ das Amtszimmer und machte noch die
Bemerkung:

Das Weitere wird irgendwo anders verhandelt.

Die Verhandlung musste daraufhin beendet werden.

Nun war das Kind in den Brunnen gefallen, aber nachdem der Dentist sich wieder beruhigt hatte, wandte er sich erneut an das Kreisjagdamt, diesmal mit der Bitte, das Bußgeldverfahren einzustellen, natürlich nicht ohne das Kreisjagamt noch mit irgendwelchen Paragraphen zu belehren.

Schließlich habe er den Hirsch die letzten drei Jahre mit beträchtlichen Mitteln in seinen Revieren durchgefüttert. Und überhaupt, was wäre denn mit den Herren von der Staatsforstverwaltung, die kämen doch laufend bei solchen Sachen davon. Die Beamten hätten außerdem ganze drei Tage Zeit gehabt, den Antrag zu bearbeiten, und sich denken können, dass dieser Hirsch weiter zu Schaden gehen wird. Riesige Kartoffelschläge seien schon vernichtet, wie stehe man denn vor den Bauern da.

Zum Schluss wird noch bemerkt, dass man höchstpersönlich der Kreisjägermeister sei und dass bei einer Verurteilung in so einem Präzedenzfall, der großen Sache der Rotwildhege ein schlechter Dienst erwiesen wäre.

Der Nimbus des Kreisjägermeisters nutzte überhaupt nichts, dem Kronenhirschjäger und Streiter für die gerechte Sache der Landwirtschaft wurde am 7. Dezember 1960 der Bußgeldbescheid in Höhe von 736,40-- DM zugestellt. Viel Geld für eine jungen ungeraden 14-Ender, der vielleicht noch gern ein paar Jahre länger des Nächtens zur Äsung auf die Klumpschen Kartoffeläcker gezogen wäre, im schönen Baiersbronn.

Revierförster Kruger jagt Hirsche oder: wie man mit der Stahlbürste Eisklumpen aus dem Geweih eines Abschusshirsches entfernt

In den ersten Januartagen 1961 erhielt das Kreisjagdamt Freudenstadt Nachricht und Meldung, dass Revierförster Kruger, Fünfbronn, am 25.12.1960 bei Schneebelag auf der Stadt Altensteig, Priemen-Hagwald einen Hirsch erlegt habe. Gewicht 101 kg, geschätztes Alter 9 Jahre, Endenzahl (sichtbar) Eissprossenzehner, Geweihgewicht 7 Pfund.

Zusatz: An jeder Stange ist je ein Ende ausgekämpft. Das Geweih wurde zur Begutachtung Forstmeister Dinckelacker, Freudenstadt, vorgelegt.

Begehrte und sehr gesuchte Beute, der Eissprossenzehner.

Ein an sich normaler Vorgang, wenn nicht der Zusatz mit „abgekämpften Enden“ in der Abschussmeldung gestanden hätte, denn mit zusätzlichen Enden wird aus dem Eissprossenzehner-Abschusshirsch flugs ein ungerader Zwölfer und Kronenhirsch. Deshalb wurde von der Behörde angeordnet, dass sich der Revierförster Kruger erst einmal schriftlich erklärt:

Bei einem Reviergang am 22.12.1960 fährtete ich im Distrikt 1 Hagwald, 2 Stück Rotwild, aus dem Fährtenbild zu schließen handelte es sich um Hirsche mit einem Alter von 8–12 Jahren.

Das Abfährten des eventuellen Einstandes war nicht möglich, da sich die Fährten stark kreuzten.

Der Wildacker in 1 A/12 war stark angenommen.

Am 23.12. setzte ich mich an dem Wildacker an, da ich annahm das Wild würde dort austreten.

Um 17.40 Uhr trat aus dem angrenzenden Verjüngungssaum ein Stück Rotwild, ein zweites zog in der 2–3 hohen Kultur in Richtung Wildwiese. Das ausgetretene Stück schlug mit seinen Schalen den Boden auf und begann zu äsen. Mit meinem Glase 7x50 sprach ich das Stück einwandfrei als Eissprossenzehner an, Entfernung 40–50 Meter. Die Stangen waren deutlich erkennbar mit Eiskrusten bedeckt. Das andere Stück stand in der Kultur und konnte als sehr starker Hirsch, wesentlich stärker als der ausgetretene, angesprochen werden. Bei dem Versuch meine Schusswaffe fertig zu machen verursachte ich ein Geräusch, das Gewehr war mit der Gummikappe am Hochsitzboden angefroren. Der Hirsch warf auf und mit dem Glase beobachte ich den vor mir breit stehenden Hirsch.

Zum wiederholten Male zählte ich die Enden und war mir sicher, einen alten Abschusshirsch vor mir zu haben. Nachdem der Hirsch lange Zeit vor mir gestanden hatte zog er mit einer scharfen Linkswendung in die Kultur zurück. Bei meiner Rückkehr in die Wohnung berichtete ich alle Details telefonisch meinem Vorgesetzten.

Am 25.12. setzte ich mich wieder an dem Wildacker an. Um 19.00 Uhr trat erneut Rotwild aus, das Stück zog vertraut vor mir über den Wildacker. Mit bloßen Augen konnte ich den gesuchten vom 23.12. erkennen. Durch Abfallen des Schneebehanges in der Kultur vor mir wurde ich auf den zweiten Hirsch aufmerksam. Wie am 23.12. trat dieser auch jetzt nicht aus. Zwischen den Gipfellücken konnte ich jedoch sehr stark ausgebildete Kronen erkennen und eine breite Auslage der Stangen. Die massige Figur und das starke Geweih lassen auf einen Hirsch vom 12. Kopf schließen.

Der andere Hirsch hatte sich inzwischen wieder breit gestellt und ich trug ihm auf 40, 45 Gänge die Kugel an. Im Feuer ruckte der Hirsch zusammen und nachdem er im scharfen Troll den Erdweg überfallen hatte, hörte ich ihn in der Kultur zusammenbrechen und mit den Läufen schlagen.

Nach 15 Minuten verließ ich die Kanzel und begab mich zu dem Anschuss und an die Stelle wo der Hirsch den Erdweg überfallen hatte. Schweiß und Lungenteile bestätigten mir den guten Sitz der Kugel. Von hier aus begab ich mich zu meinem Wagen und fuhr in meine Wohnung. Im Ort hielt ich bei Wegwart Wurster und bat ihn, mir behilflich zu sein, ich hätte einen Hirsch geschossen.

Solange Wurster seine Kleider wechselte, fuhr ich zu meiner Wohnung und wärmte mich auf.

Zusammen mit Wurster fuhr ich dann zum Anschuss zurück. Von dort suchten wir nach der Schweißfährte nach dem Hirsch, nach 40 Gängen lag das Stück verendet im Wundbett.

Die Stangen waren stark vereist und mit verkrusteter Erde überzogen. Im Walde konnten wir feststellen, dass an der Achterstange die Eissprosse ausgekämpft war, und ein weiteres Ende gebrochen war. Nach dem Abtransport schlug ich das Haupt und legte es zum Abtauen in die Küche. Erst nach dem Abtauen konnte ich feststellen, dass auch an der anderen Stange ein Ende abgekämpft war.

Soweit der schriftliche Bericht des Revierförster Kruger aus Fünfbronn. Demjenigen, der mit der Rotwildbejagung kaum Erfahrung hat, scheint der Bericht schlüssig zu sein, der erfahrene Rotwildjäger wird stutzig, warum nahm sich Wurster nicht die Zeit bis der starke Hirsch austrat?

Ein lebender Hirsch mit Eis- und Erdklumpen im Geweih, sehr merkwürdig.

Kruger legte neben seinem ausführlichen Bericht das Geweih dem Kreisjagdamt in Freudenstadt vor und rät von sich aus doch den Zeugen Wegwart Wurster zu befragen, des Weiteren den Zeugen Max Schultheis, Revierförster im Rombach, Enzklösterle, der hätte den Hirsch in freier Wildbahn gesehen und erkenne das Geweih wieder. Bevor er das Kreisjagdamt wieder verließ, bat er um die baldige Rückgabe des Geweihs.

Es gingen einige Wochen ins Land und Kruger hörte erst mal nichts Weiteres in der Sache.

Am 8. Mai 1961 wurde der Wegwart Wurster geb. am 18.12.1906, wohnhaft in Fünfbronn zur Sache von der Behörde vernommen:

Herr Revierförster Kruger hat mich am Erlegungstag abends zwischen 19:30 und 20:00 Uhr (die genaue Uhrzeit ist mir nicht mehr in Erinnerung) gebeten mitzukommen, um einen Hirsch im Hagwald abzuholen. Bei der Suche gingen wir getrennte Wege. Herr Kruger stieß kaum eine halbe Minute vor mir zum Hirsch. Dieser lag auf einem frisch aufgeforsteten kleinen Platz, das Geweih etwas verschmutzt und von Eis und Schnee bedeckt. Nach dem gemeinsamen Säubern habe ich einwandfrei gesehen, dass eine Eissprosse und am der linken Sprosse ein Ende fehlte. Ich bin heute nicht mehr sicher ob am Rechten auch eine Sprosse fehlte. Wir verluden den Hirsch in den Pkw des Herrn Kruger und verbrachten ihn in dessen Wohnung. Herr Kruger hat mich deshalb zur Hilfe gebeten, weil ich ohnehin bei meinem Dienst als Wegwart öfters bei Kulturarbeiten im Hagwald mithelfe. Ich wäre dankbar wenn ich eine Durchschrift dieses Aktenvermerks bekommen könnte.

Ganz wohl war Wegwart Wurster bei der Sache offensichtlich nicht. Arbeitsplätze waren entsprechend rar und der Forst einer der größten Arbeitgeber im ländlichen Raum.

Seit April lag auch eine schriftliche Betätigung von Revierförster Schultheis aus Enzklösterle beim Kreisjagdamt vor:

Der Unterzeichner bescheinigt dem Revierförster Kruger in Fünfbronn, dass er den von Herrn Kruger im Dezember 1960 erlegten Hirsch recht gut kannte. Denselben Hirsch hatte ich im Dezember 1960 mehrmals vom Hochsitz bestätigt, ich konnte denselben in aller Ruhe ansprechen.

Auf der linken Stange Eissprossenzehner, auf der rechten Stange zeigte er Achter mit abgekämpften Eissprossenende. In der linken Gabel sah ich durch mein 7-faches Glas auf 80 Meter eine Art Leiste die sich ansah, als ob der Hirsch noch ein Ende hat schieben wollen, aber ihm die Kraft dazu nicht mehr ausreichte. Als ich den Hirsch an der Wand hängen sah, sagte ich sofort, das ist der Hirsch den ich im Dezember mehrere Male mit einem noch stärkeren vor mir hatte. Luftlinie vom Ort der Bestätigung bis zum Ort der Erlegung rund 7 Kilometer.

Soweit die Aussagen von Wegwart Wurster und Revierförster Schultheis, eigentlich könnte man die Sache zu den Akten legen und Kruger seinen Hirsch wieder an die Wand hängen, wenn nicht am 20. April ein fernmündlicher Anruf ohne Namensnennung im Kreisjagamt eingegangen wäre:

Heute Vormittag bittet ein angeblicher Jäger das Kreisjagdamt möge einmal durch einen Sachverständigen nachprüfen lassen, ob am Eissprossenzehner, der am 25.12.1960 (Datum wurde genau genannt) in diesem Revier erlegt wurde (Hagwald), die Enden nicht abgekämpft sind oder nicht vielleicht mehr abgebrochen – und nachher auf alt frisiert worden seien. Es werde sich etwas herausstellen was nicht weidgerecht sei.

Hirschbergung.

Trotz Rückfrage wurde der Name nicht genannt. Lediglich wurde versichert, dass die Angaben stichhaltig seien, dass es sich aber um eine Unehrenhaftigkeit handle, die das Kreisjagdamt wissen sollte. Der Name des Sprechers könne nicht genannt werden, weil Repressalien zu befürchten seien gegen „Kleine“, die sich nicht wehren könnten.

Das Kreisjagdamt Freudenstadt fackelte nicht lange und schaltete die Kriminalpolizei ein.

In der Kriminalhauptstelle in Tübingen wurde Kriminaloberkommisar Walter informiert:

(...) beiliegend übersenden wir Ihnen das Geweih eines Eissprossenzehners bzw. eines Kronenhirsches

Der Hirsch wurde von Revierförster Kruger am 25.12.1960 in Fünfbronn außerhalb des Rotwildgebiets Nördlicher Schwarzwald erlegt.

Aus privaten Jägerkreisen wurde beim Landratsamt Anzeige erstattet, da der dringende Tatverdacht besteht, dass es sich bei dem erlegten Hirsch um einen Kronenhirsch handelt. Es wir vermutet, dass Revierförster Kruger die zwei fehlenden Kronenenden nach Erlegung des Tieres entfernt hat. Es wird gebeten, das Geweih dahingehend zu untersuchen, ob:

1. die fehlenden Ende im Kampf abgebrochen sind oder nachträglich entfernt wurden.

2. ob die Wundränder auf natürliche Weise abgescheuert oder mit einer Feile bearbeitet wurden

3. ob eventuell noch Feilspäne am Geweih festzustellen sind.

Um baldige Untersuchung wird gebeten.

Das Untersuchungsergebnis ließ nicht lange auf sich warten und jetzt wird es richtig eng für Revierförster Kruger:

Auch nach Ansicht erfahrener Rotwildjäger, die den näheren Sachverhalt und auch den Namen der Beteiligten nicht kennen, können die fehlenden Stangen nie im Kampf mit einem Rivalen oder bei einem Unfall wie ersichtlich gebrochen und von den Stangen gebrochen sein. Diese Teile würden normalerweise nie an ihrer stärksten Stelle, sondern wahrscheinlich an ihrer Mitte brechen. Im Übrigen müssten Brüche im Originalzustand ein wesentlich anderes Spurenbild hinterlassen. Der ursprüngliche Bruchzustand muss verändert worden sein. Es fällt auf, dass an beiden Stangen je eine Sprosse fehlt. Die Bruchstellen der fehlenden linken Eissprosse, der linken äußeren Vordersprosse (Teil der vorhanden gewesenen Krone) und der rechten inneren Vordersprosse (Teil der vorhanden gewesenen Krone) sind Teils mit Erde verschmiert. An den Rändern der Bruch-

stelle der linken äußeren Vordersprosse sind Spuren vorhanden, die als Werkzeugspuren, und zum Teil wahrscheinlich mit einer Feile verursacht, angesprochen werden können. Da in diesem Zusammenhang auch biologisch Fragen der Klärung bedürfen, ist es, um zu einem abschließenden Urteil zu kommen, notwendig das Geweih auch dem BKA in Wiesbaden und eventuell dem Institut für Jagdkunde in Hann. Münden zu übersenden. Das Ergebnis der Untersuchung würde hier erst nach einigen Monaten eingehen. Durch Inanspruchnahme des BKA, würden außer Transportkosten keine weiteren Kosten entstehen. Das Institut in Göttingen hat in ähnlich gelagerten Fällen kein Honorar verlangt.

Um entsprechende Nachricht wird gebeten.

Am 30.05.1961 erschien auf Vorladung des Kreisjagdamts Freudenstadt Revierförster Kruger und erklärte, nachdem er mit dem Untersuchungsergebnis der Kriminalhauptstelle Tübingen vertraut gemacht wurde:

Ich kann nur wiederholen, dass ich selbst an diesem Geweih keine Veränderungen vorgenommen habe. Lediglich habe ich es mit einem auf dem Rücken geriffelten Jagdmesser gereinigt und einer Stahlbürste von Erde gereinigt. Dabei können natürlich Kratzer an dem Geweih entstanden sein. Anderseits muss ich aber bemerken, dass ich dieses Geweih von der Trophäenschau in Steinbach nicht so zurück erhalten habe, wie ich es zur Ausstellung gab. Die linke Bruchstelle (von vorne gesehen) muss nämlich mit einem Werkzeug (Schraubenzieher oder dergleichen) bearbeitet worden sein.

Ich will versuchen zu beweisen, anhand von Fotografien, dass an dieser Stelle gebohrt worden ist.

Vorwürfe mache ich mir persönlich deshalb, weil ich bei Mondlicht geschossen habe, bei Tageslicht hätte ich bemerkt, dass es sich der Veranlagung nach um einen Kronenhirsch handelt.

Auf die Frage ob sich Revierförster Kruger in einem Unterwerfungsverfahren mit 250,- DM Geldstrafe einverstanden erklärt, bittet Kruger um Bedenkzeit bis Dienstag den 06.06.1961.

Die Bitte wurde gewährt.

Am 6. Juni 1961 fand die Unterwerfungsverhandlung gem. § 61 OWiG in Freudenstadt statt.

Der Beschuldigte Heinz Kruger erklärt:

Ich habe am 25.12.1960 im Revier Hagwald-Priemen, Markung Fünfbronn einen Hirsch erlegt, der nach Veranlagung und Auslegung des Geweihs als Kronenhirsch anzusprechen ist. Ich räume ein, dass ich damals bei dem herrschenden Mondlicht nicht hätte schießen dürfen, da mir eine genaue Ansprache des Stückes in Folge Beleuchtung nicht möglich war.

Ich sehe ein, dass damit gegen die Bestimmung des § 39 Ziff. 7 Bundesjagdgesetz in Verbindung § 3 der Verordnung des MLR und Forsten vom 28.3.1958 und den Runderlass des Landratsamt Freudenstadt verstoßen habe.

Ich unterwerfe mich freiwillig einer Geldbuße von 200,-- DM.

Ein Gentlemenagreement hatte für Förster Kruger Schlimmeres verhindert, die Trophäe des Hirschs wurde eingezogen.

Die beiden Fälle zeigen, dass sich das Kreisjagdamt Freudenstadt stets bemühte, die Fälle objektiv und sachlich zu behandeln.

Bei der weitaus geringeren Geldstrafe für Kruger muss man aber berücksichtigen, dass der Vorgang sich in der Personalakte niedergeschlagen hat.

Bei Herrn Decker begründete das Kreisjagdamt die Höhe der Strafe von 700,-- DM damit, dass Wildbret und Trophäe nicht eingezogen wurden, auch verfüge Decker als Dentist über entsprechend größere Einkünfte. Als Kreisjägermeister und Mitglied im Kreisjagamt verlangte man aber gerade von Decker die besondere Einhaltung der Jagdgesetze.

Der glaubhaft gemachten Darstellung des nicht unbedeutenden Wildschadens an Kartoffeln und Getreide, sowie dass er sich durch ungezügelte Jagdleidenschaft zum Abschuss eines Kronenhirsches habe hinreisen lassen, sprach man mildernde Umstände zu.

Doch hat dieser Bußgeldbescheid gegen Decker noch lange nachhaltig Wirkung bei ihm selbst hinterlassen, er fühlte sich ungerecht behandelt, können doch Forstbeamte tun und lassen was sie wollen!

Kein Hahn kräht danach.

Vorwurf des Kreisjägermeisters gegen die Jagdbehörden:

Herr Decker hat sich dem Kreisjagdamt wie folgt geäußert:

Es wurden in den letzten Jahren mehrere Mitglieder der Kreisjägervereinigung Freudenstadt, als Privatjäger, von der Jagdbehörde wegen Kronenhirschabschüssen in der Randzone zu sehr empfindlichen Geldbusen verurteilt, während genau bekannt ist, dass Staatsforstbeamte für das gleiche Delikt straffrei ausgingen.

Dies muss zur Folge haben, dass ein berechtigtes Misstrauen gegen die Beurteilung und Handhabung der gesetzlichen Bestimmungen durch die Jagdbehörden gegeben ist.

Diese Äußerung beinhaltet den Vorwurf, das Landratsamt als Ordnungsstrafbehörde sei in der Verfolgung von Fällen des unberechtigten Abschusses von Kronenhirschen willkürlich vorgegangen.

Nach entsprechender Aufklärung nimmt Herr Decker diesen Vorwurf gegen das Landratsamt zurück.

Bei der Roten Arbeit.

Klassifizierung der Hirsche – Kompliziertes Formelwerk

Rotspießer, nach den damaligen Regeln ein IIIc-Hirsch.

4. April 1972
Anlässlich der nächsten Dienstbesprechung in Enzklösterle sollen auch die Abschussrichtlinien für Rotwild besprochen werden. Ich bin der Ansicht, dass die derzeitige Klassifizierung der Hirsche nicht voll befriedigt und erlaube mir deshalb, einen entsprechenden Änderungsvorschlag zu unterbreiten, der eventuell in Enzklösterle diskutiert werden könnte. Die Vorschläge beziehen sich in den Details (Gewichtsgrenze) nur auf das Rotwildgebiet Nördlicher Schwarzwald. Herr Forstdirektor Dr. Speer erhält eine Mehrfertigung dieses Berichts.

Alle Erfahrungen in natürlichen und gehegten Rotwildpopulationen sprechen dafür, dass der Schwerpunkt der Bestands regulierenden Eingriffs bei den Hirschen in der Jugendklasse vom 1. bis ca. 3/4 Kopf erfolgen sollte. Die dann übrig bleibenden Hirsche sollten möglichst zahlenmäßig wenig verringert werden und weitgehend in die Altersklassen hineinwachsen, in denen sie starke Trophäen bringen. Nur so ist bei beschränkter Wilddichte die Hege einer möglichst großen Zahl reifer, alter Hirsche realisierbar.

Die derzeitige Klassifizierung beim Hirschabschuss kann jedoch eine derartige Abschussgestaltung in letzter Konsequenz nicht ermöglichen. Zwar hat man versucht, über die Einführung des IIc Hirsches und dessen Erweiterung bis zum ungeraden Sechser, den biologischen Erkenntnissen in gewisser Weise Rechnung zu tragen.

Abgesehen davon, dass bei der derzeitig bestehenden Regelung der IIc-Hirsch in dem staatlichen und privaten Jagen mit zweierlei Maß gemessen wird, reicht diese Einteilung jedoch nicht aus, um genügend stark in die Jugendklasse eingreifen zu können.

Anderseits wird jeder Jäger- ob Forstbeamter, Privatjäger oder Gast, ich nehme mich persönlich keineswegs aus (!!!) – der einen IIb-Hirsch frei hat, versuchen, den legendären Eissprossenzehner mit 3,45 kg Geweihgewicht zu erlegen. Dies hat eindeutig zur Folge, dass zu viele Hirsche der mittleren Altersklasse erlegt werden, also gerade solche, die kurz vor dem Sprung in eine bessere Trophäenklasse stehen.

Außerdem wirken sich Fehlabschüsse, die ja in der Praxis bis zu einem gewissen Grad unvermeidlich sind, und die mit zunehmender Beunruhigung des Wildes durch den Fremdenverkehr usw. immer unvermeidlich sind, erheblich gravierender aus, wenn sie in der mittleren Altersklasse erfolgen.

Alle diese Gründe sprechen für eine andere Klassifizierung der Hirsche. Dazu schlage ich folgende Gliederung vor:

IIc abschussnotwendige Junghirsche IIa Zukunftshirsche
(Spießer, Tiefgabler)

IIb geringe Abschusshirsche (bis zu 2 kg Geweihgewicht)

Ib stärkere Abschusshirsche (2 bis 4 kg Geweihgewicht)

Jagdbare Hirsche Ia

Über 4 kg Geweihgewicht sowie bei guter Veranlagung mindestens 11./12. Kopf.

Diese Einteilung sieht bei den jagdbaren Hirschen nicht mehr die Trennung nach Ia und Ib vor, dafür ist die Gewichtsgrenze entsprechend den verbesserten Verhältnissen um ein Pfund angehoben. Außerdem sollte als Altersgrenze für Hirsche mit guter Veranlagung mindestens der 11./12. Kopf vorgesehen werden, weil erfahrungsgemäß der Schwarzwaldhirsch ausgesprochen spät reif ist. Die Zusammenfassung der früheren Klassen Ia und Ib geht im Prinzip von der Überlegung aus, dass es für einen Jäger, der einen Hirsch mit über 4 kg Geweihgewicht frei hat, ziemlich gleichgültig sein dürfte, ob dieser aus letztlich dem Hegeziel voll entspricht oder nicht. Die Auslese nach abschussnotwendigen- und nach Zukunftshirschen sollte eben in viel früheren Jahren bereits erfolgt sein. Der Hirsch, der ein Geweihgewicht von 4 kg erreicht hat, ist in jedem Falle jagdbar, ein Ausleseabschuss kann in diesem Alter ohnehin nicht mehr erfolgen.

Dazu kommt, dass es recht fragwürdig ist, bei der hier gegebenen Wilddichte z. B. einen Jagdgast auf einen Ib-Hirsch bisheriger Prägung zu führen, und ihm angesichts eines reifen Ia-Hirsches, den er vielleicht nach dem 20. oder 40. Ansitz zu Gesicht bekommt, die Erlegung zu versagen. Dasselbe gilt letztlich beim Abschuss durch Beamte.

Alle Hirsche, die dem Hegeziel entsprechen, jedoch noch unreif sind, fallen wie bisher in die Klasse IIa; lediglich mit dem bereits erwähnten Unterschied der veränderten Gewichts- und Altersgrenze.

Die abschussnotwendigen Hirsche werden in drei Klassen eingeteilt:

Zu IIc gehören abschussnotwendige Junghirsche, die auf Spießer unter Lauscherhöhe, mehrjährige Spießer und Tiefgabler beschränkt werden. Hirsche dieser Klasse sollten zahlenmäßig unbeschränkt, gegebenenfalls unter Anrechnung auf den Kahlwildabschuss oder nachträglicher Freigabe erlegt werden dürfen, da sie in diesem Alter besonders leicht als abschussnotwendig anzusprechen sind (Anteil am Hirschabschuss 40%).

Die Klasse IIb umfasst nach diesem Vorschlag die geringen Abschusshirsche bis 2 kg Geweihgewicht. Damit sollen gerade die einleitend angeführten abschussnotwendigen Hirsche im Jugendalter bis zum 3. oder 4. Kopf erfasst werden können, sowie Hirsche, die zwar etwas älter sind, aber nicht die entsprechenden Masse bringen. Wer einen IIb-Hirsch der vorgeschlagenen Klassifizierung frei hat, wird kaum in Versuchung kommen, einen abschussnotwendigen geringen Hirsch nicht zu erlegen, und dafür auf einen besseren Abschusshirsch zu warten, weil ja nach oben nicht allzu viel drin ist. Damit wäre gewährleistet, dass geringe Abschusshirsche wirklich frühzeitig erlegt werden und Platz gemacht wird für das Alt werden lassen der Zukunftshirsche. Außerdem stellt ein eventueller Fehlabschuss, der ja meist nicht die leicht zu erkennenden Zukunftshirsche trifft, sondern fragwürdige Fälle, die man nach dem Öffnen des Unterkiefers besser beurteilen kann, als vor der Erlegung, in dieser Altersklasse keinen so schwerwiegenden Verlust dar, wie bei mittelalten Hirschen. (Anteil am Abschuss 30%)

Der Ib-Hirsch nach der vorgeschlagenen Klassifizierung wäre ein Abschusshirsch mit 2 bis 4 kg Geweihgewicht, als ein Hirsch mit einem beachtlichen Trophäenwert. Entsprechend der schärferen Auslese in der Jugend dürfte es Hirsche dieser Klasse nur noch relativ wenig geben, der prozentuale Abschussanteil wäre deshalb entsprechend gering und würde nur ca. 10% betragen. Andererseits könnten dafür rund 20% Hirsche der Klasse Ia erlegt werden.

Diese Klassifizierung hätte den psychologischen Vorteil, dass jeder Gast und jeder Beamte, der einen Abschusshirsch der Kl. IIb oder Ib frei hat, von vorneherein genauer weiß, was er zu erwarten hat.

Selbstverständlich könnte eingewandt werden, dass diese weitere Unterteilung der Abschusshirsche eine zusätzliche Erschwerung bei der Jagdausübung und beim Ansprechen mit sich bringt. Dic guten Erfahrungen, die mit dieser Art der Abschussverteilung auf die Altersklassen bisher in anderen Rotwildgebieten (z. B. Harz) gemacht wurden, sollten jedoch dazu anregen, den Vorschlag eingehend zu prüfen. Die Erweiterung des IIc-Hirsches bis zum ungeraden Achter wäre keine echte Alternative, denn damit entstünde wieder das Dilemma, dass jeder den IIc-Hirsch an der Obergrenze suchen würde.

Die Argumentation, dass man mehr Hirsche der bisherigen Klasse IIb zur Vergabe benötige ist psychologisch verständlich, konsequenterweise muss dann jedoch der mittelalte Abschusshirsch zum Hegeziel erklärt werden. Der Abschuss von IIc-Hirschen wäre dann sinnvollerweise ganz einzustellen.

Reifer Enden reicher Schwarzwälder Erntehirsch, erlegt von Klaus Ehlebracht 1960.

25.10.1963 meldete sich die PIRSCH im Landratsamt Freudenstadt.

Sehr geehrter Herr Regierungsrat,
rechtzeitig zur Treibjagdzeit haben wieder viele „Greenhorns" ihre Jägerprüfung abgelegt und den ersten Jagdschein gelöst. Ist das auch in Ihrem Kreis so?

Dann hätten wir nämlich eine Bitte an Sie:
Könnten Sie uns die Anschriften dieser Jungjäger mitteilen?
An diesen Personenkreis würden wir gerne Probehefte der PIRSCH versenden.
Gern würden wir Ihnen dafür weiterhin die PIRSCH zu Verfügung stellen.
Die Pirsch Vertriebsleitung

Auch die älteste Jagdzeitschrift „DER DEUTSCHE JÄGER" meldete sich mit dem gleichen Anliegen:

Sehr geehrte Herren,
unter Hinweis auf die amtliche Bekanntgabe des Deutschen Jagschutzverbandes, welche im Blick auf die Fortbildung die Übermittlung von Jagdscheininhaberadressen an die Jagdpresse rät und die Jagdzeitschriften somit aus der Reihe anderer gewerblicher Unternehmen hervorhebt, bitten wir Sie nochmals um die Jagdscheininhaberanschriften ihres Kreise zur kurzzeitigen Abschrift.
Sollte eine solche Liste nicht aus der Hand gegeben werden, so könnte vielleicht eine Schreibkraft innerhalb oder außerhalb der Dienststunden die Liste gegen entsprechende Bezahlung anfertigen.

Wie vielen Landratsämtern auch, erstatten wir Ihnen neben den Schreibkosten Literatur unseres Verlages.
Mit Weidmannsheil P. C. Mayer-Verlag

Ähnliche Schreiben schickten „FRANKONIA" und „EDUARD KETTNER" und sie erhielten alle die gleiche Antwort,

Betr: Abschriften der Jungjäger im Landkreis Freudenstadt.

Sehr geehrte Herren,
über die von Ihnen gewünschten Anschriften kann Ihnen vom Kreisjagdamt aus grundsätzlichen Erwägungen keine Auskunft erteilt werden.

Ob alle Landratsämter so gehandelt haben?

Damals gab es noch kein Internet, und wer hat nicht mehr als einmal im Jägerleben die „Pirsch", die Wild und Hund, den Frankoniakatalog oder die dicken Seiten von Eduard Kettner in der Hand gehabt?

Alle haben sie unser jagdliches Zeitgeschehen maßgeblich beeinflusst und sind somit Geschichte.

Jagen ist aber nicht nur Statistik, Jagen ist Naturerleben, denn niemand ist näher an der Natur als der Jäger selbst.

Was letztendlich den einzelnen Jäger hier im Nordschwarzwald fasziniert, ist so unterschiedlich und facettenreich wie es nur das Jagen selbst sein kann.

Nachsuchen auf der natürlichen Wundfährte mit „Bass“

Die Erinnerung an einen brauchbaren Hund
„Bass“ ist der Rufname des Deutsch-Drahthaarrüden 59190 Benno von Stückstein 15531 Vbr. Sw., der mit 2 x 1. Preis VJP, 2 x 1. Preis HZP, 1. Preis VGP und 4 x 1.Preis Verbandsschweißprüfung eine erfolgreiche Suchenlaufbahn hinter sich hat und in den letzten 3 Jahren sich auch in der Praxis hervorragend bewährte.

Von einigen der Arbeiten, sollen folgende Zeilen berichten:

Im Januar 1967 rief mich gegen Abend ein Freund an, und bat mich, eine gegen 14 Uhr auf einer ca. 25 km entfernten Treibjagd vermutlich waidwund geschossene Sau nachzusuchen. Ich sagte unter der Bedingung zu, dass ich abgeholt würde, da in meinem Höhenrevier ca. 1 m Neuschnee lag und das Auto durch die ständigen Verwehungen noch nicht flott gemacht war. Nun, wir kamen gegen 21:00 Uhr auf dem verbrochenen Anschuss an, der aber auch unter einer ca. 40 cm starken Neuschneedecke lag. Angesetzt arbeitete der Rüde, ruhig im Riemen liegend, die Nase immer tief in den Schnee steckend und diesen pflügend ca. 500 m durch ein Stangenholz voran und zog in eine angrenzende Kultur. Hier folgte ich noch 100 m, da aber die Dickung voller Schnee hing und Bürsten dicht war, entschloss ich mich, vertrauend auf des Freundes richtige Schussansprache, den Rüden anzuschnallen. Es hatte inzwischen aufgehört zu schneien und wir lauschten angespannt, um in der ruhigen Nacht den ersten Laut des Totverbellens aufzufangen.

Was war es dann für eine Erlösung, als Bass am Anfang mit größeren Intervallen und dann Schlag auf Schlag lautgebend mich zu der noch 800 m entfernten, verendeten Sau rief. Der Schütze war überglücklich und dann wurde der Keiler natürlich noch reichlich tot getrunken, bis wir von unseren „Freunden und Helfern" ans nach Hause gehen erinnert wurden. Es war dies keine überschwere Arbeit, aber für den damals noch nicht 2-jährigen Rüden doch beachtlich und gab mir und ihm gehörigen Antrieb entsprechen weiterzuarbeiten.

Im Frühjahr 1968, zur Zeit der Hahnenbalz, läutete das Telefon schon morgens gegen 5:30 Uhr und ein Kollege eines etwa 35 km entfernten Reviers, bat mich, mit Bass zu einer Nachsuche auf einen großen Hahn zu kommen. Der Gastjäger hatte auf ca. 25 m auf den im Forchengipfel balzenden Hahn geschossen, dieser fiel aus der Krone, bekam aber kurz vor dem Aufprall Wind unter die Schwingen und ritt gegen das Tal ab. Wir suchten nun den gegenüberliegenden, kahl geschlagenen Hang, den Rüden quer suchend lassend ab, fanden aber vom Hahn keine Spur.

Anschließend nahmen den Hang vor, auf dessen Höhenrücken der Hahn beschossen worden war. Ca. 500 m vom Anschuss entfernt nahm Bass ein Geläuf auf und suchte gerade von uns fort. Nach 300 m entschwand er unseren Blicken hinter einem Geländekopf wie sie gerade für den Schwarzwald so typisch sind. Es vergingen etwa 15 Minuten, und der Revierinhaber hegte schon die Befürchtung, dass der Rüde ein Rudel Rotwild auf Trab gebracht haben könnte, als er hinter einer Blocküberlagerung erschien. Stolz wie ein Spanier, den Kopf hoch und vor Freude über den ganzen Rücken wedelnd, brachte er den verendeten Hahn, sauber hinter dem Schwingenansatz gefasst, ohne ihm eine Feder gekrümmt zu haben. Da gab es ein Abliebeln und Händeschütteln und der überglückliche Erleger, der auf 10.00 Uhr zum Zahnarzt bestellt war, hatte keinerlei Zahnschmerzen mehr.

Ein andermal ging's frühmorgens mit Bass zu einer Nachsuche auf einen laufkranken Hirsch, dem ein Freund am Abend vorher ca. 20 cm oberhalb des Kniegelenks den Röhrenknochen des linken Vorderlaufs abgeschossen hatte und der Hirsch in der Folge nur 3 Läufe aufsetzte. Vom sauber verbrochenen Anschuss ging der Rüde ruhig im Riemen liegend ca. 200 m durch ein Stangenholz und verwies dort am Rande eines Buchenschlags das erste Wundbett. Anschließend hatte der Hirsch im Schlag einige Wiedergänge gemacht und die Riemenarbeit wurde durch große Mengen Reisig sehr erschwert. Nach einem letzten Wiedergang suchte der Rüde dann in einem mit Tannenaltholz bestocktem Steilhang der von zahlreichen Rinnen unterbrochen war. Weiter ging es durch Verjüngungshorste und Stangenhölzer dem Hangrücken zu, wobei Bass ab und zu Schweiß verwies, bis wir nach 1,5 km vor einer großen Fichtendickung standen. Nach kurzer Beratung wurde die Dickung von 6 Kollegen grob umstellt und dann ging's am langen Riemen rein ins Vergnügen. Durch das ruhige, konzentrierte Arbeiten kamen wir in der Dickung gut weiter, bis der Rüde heftiger wurde und ich in der Folge merkte, dass wir den Hirsch gewendet hatten und er auf dem Einwechsel die Dickung wieder verlassen wollte. Und richtig, kurz darauf fielen 2 Schüsse. Als wir nach geraumer Zeit ins Helle traten, lag der mittelalte Achter verendet vor uns. Welch Freude auch hier bei allen Beteiligten und besonders bei dem jungen Kollegen, es war sein erster Hirsch.

Erfolgreiche Nachsuche!

Aus jüngster Zeit noch ein Bericht einer Nachsuche auf einen laufkranken Schwarzwälder Rehbock.

Morgens um 4:30 Uhr beschoss ein Gastjäger in einem Nachbarrevier einen treibenden Bock. Am Anschuss kein Schweiß, doch nach 30 m in der Dickung eine große Schweißlache. Der Schütze machte nun den Fehler, seinen eigenen erst 9 Monate alten Rüden anzusetzen, der die Wundfährte auch aufnahm und den Bock noch ins Tal hetzte, nach geraumer Zeit aber unverrichteter Dinge zurückkam. Anschließend wurde auch überflüssiger Weise noch den ganzen Vormittag ohne Erfolg zu Fuß nachgesucht

Nun war guter Rat teuer, da erinnerte man sich an Bass, von dem man schon Einiges gehört hatte. Gegen 15:30 Uhr nahm Bass die Wundfährte auf. Durch dichte Dickungen arbeitete er in ein Altholz, verwies 3-mal Schweiß und zog steil bergab in eine Wildnis von Niederwald, welche die Riemenarbeit unmöglich machte und ich den Rüden deshalb schnallte. Wir sahen ihn dann im lichten Gegenhang wie er sich ruhig vorarbeitete, bis er unseren Blicken entschwand. Nach ungefähr 20 Minuten und scharfem Hetzlaut erschienen Bock und Hund hochflüchtig hangabwärts Richtung Bach. 30 m vor dem Bach erreichte Bass den Bock, Drosselgriff, Überschlag von Bock und Hund bis die wilde Hatz im Bach zum Stehen kam. Hier würgte er den Bock ab, und bis zum Bauch im Wasser stehend ruft er uns zu dem sehr guten Sechser, dem der linke Hinterlauf 5 cm über der Schale abgeschossen war.

Ohne die vielen leichten Totsuchen zu berücksichtigen sind nun mit Bass 34 Stück Schalenwild, meist mit Laufschüssen, zur Strecke gekommen. Dazu manch schöne Verlorenbringerarbeit auf Hase, Fasan, Rebhuhn, Ente und dem Fuchs, der angeflickt beim Baujagen schnell eingeholt und in Sekunden abgetan wird. Einen 34-pfündigen Dachs brachte er mit gutem Griff, freitragend und wie eine Dampflok schnaufend, den Hang herauf.

Jetzt steht der Rüde im 5. Feld und wenn er auch nicht 100 Jahre alt wird, was ihm alle wünschen, die ihn kennen, so wird er sicher im Laufe seines weiteren Lebens noch manches Stück Wild, das durch unsere Unzulänglichkeit nur angeschweißt ist, schnell und sicher zur Strecke bringen.

Es bleibt unauslöschlich die Erinnerung an Bass!

Die Wachtelhündin des Oberförster Riffel in Sulzbach

Einen brauchbaren Jagdhund zu führen, einen brauchbaren Jagdhund zu züchten, brauchbare Jagdhunde als Richter in Form und Leistung zu bewerten, niemand scheint geeigneter unter allen Jägern zu sein, als der Forstbeamte an sich. Die Leistungen unserer heutigen Jagdhunderassen verdanken wir im großen Maß fast ausschließlich ihnen. Ein Förster ohne Hund, undenkbar!

Neben dem ideellen Wert, löst aber auch ein ganz irdischer Reiz den Wunsch zur Anschaffung eines vierbeinigen jagenden Helfers bei einem Forstbeamten aus, und zwar die Zahlung von Hundefuttergeld. Taugt die teure Anschaffung aber gar nicht für die Jagd, oder fehlt die Möglichkeit zur täglichen Übung, weil Herrchen im Zwinger (Büro) 8 Stunden eingesperrt ist, dann vertreibt der treue Helfer die Langweile in der Familie, als Spielkamerad der Kinder, hilft der Hausfrau in der Küche in dem er alle anfallenden Speiseabfälle frisst, denn mit jedem neuen Behang tritt eine zunehmende Konsolidierung der Haushaltskasse ein.

Derartige Gedankengänge beschäftigen nicht nur die Großhirnrinde eines Privatjägers, der den Luxus oder die Pflicht aus eigener Tasche bezahlt, sondern auch die ausbezahlende Behörde in Form der Forstdirektion.

So hielt am 26. Mai 1965 Oberförster Riffel aus Sulzbach, der seinen Dienst in einem badischen Rotwildforstamt versah, einen Schreiben der FD in den Händen, dass ihm zunehmend den Schweiß auf die Stirn treibt:

Bei Durchsicht der Jagdbetriebspläne und Aufstellung der Reinertragsberechnung fällt uns weiter auf, dass das Bild erheblich gestört wird dadurch, dass von den Ämtern eine unverhältnismäßig große Zahl Beamter genannt wird, die zum Bezug der Jagdaufwandsentschädigung berechtigt scheinen. Wir werden zukünftig die Jagdaufwandsentschädigung nur noch an diejenigen Beamten zur Auszahlung bringen, die regelmäßig und nachweislich mit ***Erfolg*** *bei der Jagdausübung in den Staatsforsten mitwirken.*

Es widerspricht der Zweckbestimmung dieser Entschädigung, dass sie an Beamte bezahlt wird, die in der Praxis die Jagd nicht oder nur gelegentlich ausüben. Die Herren Dienstvorstände sind dafür verantwortlich, dass nur diejenigen zum Bezug der Jagdaufwandsentschädigung vorgeschlagen bzw. im Jagdbetriebsplan aufgeführt werden, für die eine solche Entschädigung nach Lage der Dinge vertreten werden kann.

Es kommt aber noch wesentlich dicker:

In den letzten 10 Jagdjahren wurden von Ihnen, Herr Oberförster Riffel, insgesamt 1 Stück Kahlwild, 1 Stück Schwarzwild, 3 Rehböcke und ein weibliches Stück Rehwild zur Strecke gebracht, wobei in den Jahren 1956, 1959, 1960, 1962 und 1964 nicht ein einziges Stück von Ihnen erlegt wurde. In Zukunft werden wir die Auslegung der obigen Bestimmungen der Jagdaufwandsentschädigung nur den Staatsforstbeamten des Forstamtes in Zahlung ausweisen, die im Rechnungsjahr ***mindestens*** *1 Rehbock und 3 Stück weiblichen Wildes zur Strecke bringen.*

Wir weisen Sie nachdrücklich die Verordnung der FD Südbaden vom 4.4.1961 Nr. 640.1–5073 hin, darin ist enthalten:

Befriedigende Leistungen können immer nur dann von einem Jagdhund verlangt werden, wenn dieser in dauernder Übung bleibt und genügend Erfahrung sammeln kann. ***Für Jagdhunde, die den Anforderung des Dienstjagdbetriebs nicht oder nicht mehr gewachsen sind (auch im Falle früherer bestandener Eignungsprüfungen) ist die Zahlung des Hundefuttergeldes (Beihilfegem. 61 INA) einzustellen.***

Da Ihre Wachtelhündin praktisch im Jagdbetrieb nicht mehr zur Verwendung kommt, und auch nicht mehr verwendet werden kann, sind wir leider gehalten, die Zahlung des Hundefuttergeldes einzustellen.

Wer nun lauter aufgeheult haben mag, die Wachtelhündin oder Oberförster Riffel, wir wissen es nicht, aber so war es halt damals in der gestrengen Forstdirektion Südbaden!

Blick in die Landgemeinden

Zum Tode von Karl Seidt

Schwarzenberg. „Und ihr habt nun Traurigkeit! Aber ich will euch wiedersehen…" Dieses Bibelwort aus dem Johannesevangelium legte Pfarrer Rühle nach dem Wunsch der Witwe des Verstorbenen seiner vor einer überaus großen Trauergemeinde aus nah und fern am Grabe von Oberforstwart Karl Seidt gehaltenen Grabrede zugrunde. Der Männergesangverein „Liederkranz", dessen langjähriges Mitglied der Verstorbene früher war, umrahmte die Trauerfeier mit ergreifenden Grabgesängen und zwei seiner so zahlreich anwesenden Forstkameraden bliesen ihm „das letzte Halali" übers Grab. Karl Seidt, ein Forstmann aus Berufung, ereilte das Schicksal – obwohl er schon seit 1962 im Ruhestand lebte – während einer freiwillig zum Wohle des von ihm so geliebten Wildes übernommenen Verpflichtung. So hat er buchstäblich bis zu seinem letzten Atemzug dem Waidwerk gedient. So ein Tod – für die Angehörigen besonders schmerzlich – war für einen solchen Jägersmann wie Karl Seidt, dessen Vater und Großvater auch schon Förster waren, geradezu ein Gnadengeschenk Gottes. Überdies war es dem Verstorbenen vergönnt, seinem Sohn Hans-Ulrich, der auch Forstmann geworden ist und das Revier des Vaters übernehmen durfte, nach dem Sinn eines etwas abgewandelten bekannten Dichterwortes zu sagen: „Sohn, da hast du mein Gewehr! Meinem Arm wird es zu schwer!"

Nachrufe mit Kranzniederlegungen erfolgten durch Oberforstrat Weitbrecht in Vertretung für den dienstlich abwesenden Amtsvorstand Schönmünzach, durch Forstamtmann a. D. Thomas für die Beamten und Angestellten des Forstamtes, durch Oberforstamtmann Züfle für den Berufsverband und Bürgermeister Schneider für die Jägervereinigung Freudenstadt. Herr Nolden, als Besitzer des Sinnerwaldes, den der Verstorbene viele Jahrzehnte mit besonderer Liebe hegte und pflegte, nahm besonders herzlich Abschied von seinem „väterlichen Freund". F. B.

Impressionen aus dem Försterleben.

Der Unsichtbare

Die Jagd auf einen IIb-Hirsch als zahlender Jagdgast oder wenn der Ministerpräsident zu wenig nach seinen Forstbeamten schaut

Zufriedener Gast, zufriedener Beamter!

Ende Mai 1980 schaute der Jäger Herr R. aus Ludwigsburg freudig erregt in seinen Briefkasten, denn heute bekam er Post auf die er sehr lange hatte warten müssen, heute wurde das wahr, an was er fast nicht mehr geglaubt hatte, die Einweisung als Jagdgast in ein Rotwild Forstamt im Nördlichen Schwarzwald auf einen jagdbaren Rothirsch!

Nicht einen der ganz dicken, endenreichen, wuchtig ausgelegten Kronenhirsche der Klasse I.

Nein, nur so einen den sich Otto-Normal Jäger mit kleinerem Geldbeutel leisten kann, der aber nicht minder jagdlichen Hochgenuss verspricht. Einen den man auch während Hochbrunft erlegen kann, einen der nur einseitig eine Krone trägt, einen der mit seinen neun Jahren und knapp unter 4 Kilo mächtige Schatten an die bescheidene Trophäenwand wirft, einen IIb!

Lange Jahre hatte R. warten müssen und jetzt schien die Zeit bis zum 1. August stehenzubleiben, wollte einfach nicht vergehen.

Nun des einen Freud ist oft des anderen Leid und ob der zuständige Forstdirektor W. in seinem Rotwild Forstamt gejubelt oder laut geflucht hat, wurde nicht dokumentiert.

Das Rotwild wird von all dem nichts bemerkt haben, lebte wie eh und je im Schwarzwald, nur dem biologischen Rhythmus der wechselnden Jahreszeit unterworfen.

Die „Reduktion der Wildstände", hieß der Zauberspruch der 80er Jahre.

Sinnvolle Reduktion wich langsam einem Reduktionswahnsinn, und was für Rotwild recht war, war für Rehwild billig.

Und überhaupt, hatten nicht die Rehe an allem Schuld?

Freunde wurden zu Feinden, jagdlichen Nieten zu dienstverpflichteten Aufpassern und Gebietern und gestandene Nimrode, die irrwitzige Pachtsummen zu berappen bereit waren, die Buhmänner der Nation.

Der Stern der aufgegangen war fiel auf den Nährboden manch forstlicher 68er.

Die hatten zwar mit der Weltrevolution nichts mehr am Hut und aus manchem „Ho, Ho, Chi Min-Rufer" wurde ein braver Staatsbeamter, aber erstmal am Schalthebel der Macht angelangt, besann man sich der revolutionären Gesinnung, egal wie weltfremd sie auch sein mag und die Saat ging auf.

Das edle Rotwild wurde zum braunen Rindenfresser, das Rehwild zum kleinen Knospenverbeißer. Beide Schalenwildarten waren offensichtlich durch die klassische Hege mutiert und mit dem Gen der Niedertracht ausgestattet, und hatten nur noch eines im Sinn im sauren Regen der 80er Jahre – die Ausrottung der Menschheit!

Da hilft nur Wald vor Wild.

Vielleicht wird Jagdgast R. von all dem was sich hinter den Kulissen tat nichts gewusst haben, und wenn, wird er daran nicht mehr gedacht haben, zu schön war die Fahrt auf der B 294 von Ludwigsburg den Schwarzwald hoch, die Goldstadt Pforzheim hinter sich lassend, an dem malerischen Städtchen an der Enz vorbei, die Eyachmündung passierend, sich im Schneckentempo durch eine Kurstadt mit Thermalquellen quälend, weiter den grünen Wiesen der großen Enz entlang, erreicht R. das Endziel seiner 150 Kilometer langen Reise, das Forsthaus.

Ein nüchterner Zweckbau aus den 60er Jahren, mit schon ab den Fundamenten einzementierten Baumängeln, der Pforzheimer Hochbauspezialisten.

Macht nichts, man jagt ja im Rotwildrevier und nicht im Forsthaus.

Kurz geklingelt und schon gibt der BGS des Försters K. Laut.

Nach der Begrüßung kommt Förster K. gleich zur Sache und bedeutet R., dass man mit einem IIb-Hirsch wahrlich nicht dienen kann, einem I-er Kronnenhirsch, das könnte klappen. Aber den hatte R. nicht frei und auch nicht beantragt. Aber schauen könnte man mal, dass kostete ja nichts, außer am Ende der Jagd bestenfalls die Grundgebühr.

Es folgten 23 Ansitzabende die Jagdgast R. mit Förster K. mit dem Anblick von Rotwild und einigem „anderem" verbrachten. Der gesuchte IIb war nicht darunter und langsam beschlichen R. Zweifel, ob im genannten Revier überhaupt ein Hirsch der Klasse IIb stand.

Die Hochbrunft gehörte dann auch noch einem anderen Ia-Hirsch Gast.

Herr R. wurde immer wieder von der Frau des Försters vertröstet, ihr Mann hätte nichts gesehen und gefährtet. Am 14. November rief R. bei Förster K. noch mal an, wo ihm K. versprach, bei Erfolg würde er zurückrufen. Auf diesen wartete R. bis Ende Januar, dem Ende der Schusszeit auf Rothirsche vergebens.

Damit war die Sache vorbei, denn nicht immer lacht die Göttin Diana ihren Jünger in Huberti zu, aber bei Jagdgast R. kam so richtig Frust auf.

War man nicht von Forstdirektor W. so richtig verschaukelt worden?

Nun erhielt R. postalisch das Formblatt 0883/12553 vom Forstamt zugesandt, die Rechnung über die Grundgebühr, und die wollte Jagdgast R. aber nicht so ohne weiteres bezahlen.

Wem Diana lacht, klassischer IIb.

Sehr geehrte Herren,
die obige Rechnung über DM 150,- habe ich erhalten, bin jedoch damit nicht einverstanden.

In den Bestimmungen heißt es: „Hätte der Jagdgast aus Gründen, die er selbst nicht zu vertreten hat, usw. so wird nur die Hälfte der Grundgebühr erhoben."

Diesen Betrag, DM 75,-- werde ich auf das Konto überweisen.

Sofern Sie eine schriftliche Bestätigung des Jagdführers benötigen, kann diese Herr Förster K. ausstellen.

Ohne auf Einzelheiten einzugehen, diese habe ich anderweitig zur Kenntnis gebracht, soviel.

Es war in Ihrer Dienststelle bekannt, dass in dem mir zugewiesenen Revier kein Abschusshirsch der Klasse IIb steht. Wenn ich trotzdem eingewiesen wurde, so hofften Sie auf den Zufall. Eine andere Formulierung wäre wahrscheinlich treffender.

Das Forstamt hielt jedoch an der Rechnungsstellung fest, was aber Herrn R. noch mehr in Wut bringt.

Mit Ihrem Schreiben gehen Sie von falschen Voraussetzungen aus und ich bin deshalb mit dem Inhalt nicht einverstanden.

Was die Jagd selbst betrifft, kann ich nur wiederholen.

Den Jagdführer, Förster K. war von Anfang an klar, dass es in diesem Revier keinen bestätigten IIb-Hirsch gibt und nur der Zufall einen Abschuss möglich machen würde.

Mit nahezu gleicher Erfolgsaussicht hätte ich im Kurpark ansitzen können. Das heißt entsprechend der Formulierung

In Anlage 4, ich hatte keine Möglichkeit zu Schuss zu kommen.

Ich hoffe, dass ich meine Argumente überzeugend genug dargelegt habe.

Forstdirektor W. meinte nun von seiner Seite aus Jagdgast R. belehren zu müssen.

Zu Ihrem Schreiben ließe sich Vieles sagen, doch ist dies wohl müßig, denn Sie würden uns die Mühe, Ihnen die Problematik der Rotwildbejagung zu erläutern, sicher so wenig danken, wie den Einsatz, Sie unter den gegebenen schwierigen Umständen zu führen.

Keinesfalls möchten wir Ihnen empfehlen, in Zukunft im Kurpark zu jagen da dort Gemäß BJG die Jagd ruht, aber sicher käme Ihren Vorstellungen über „Jagd“ ein sogenannter „sicherer Abschuss“ in einem Wildpark sehr viel näher, als die Bedingungen der freien Wildbahn.

Abschließend müssen wir Ihnen mitteilen, dass auch Ihre Ansicht bezüglich der Jagdgebühren nicht dem aktuellen Stand entspricht. Für das Forstamt gilt ausschließlich die derzeitige Fassung der INA (Jagdnutzungsanweisung), die wir Ihnen mit unserem letzten Schreiben in Kopie übersandt haben.

Jagdgast R. hatte aus seinem Ärger heraus zwischenzeitlich dem damals amtierenden Ministerpräsidenten Lothar Späht einen Brief geschrieben und sich über das Vorgehen von Forstdirektor W. und die Einweisung zur Hirschjagd mit deutlichen Worten beschwert. Hätte Forstdirektor W. davon vorab Wind bekommen, hätte er sich sicher nicht in einer derart von oben herablassenden Weise dem Jagdgast gegenüber geäußert.

Die Sache wurde von Stuttgart an FD zurück überwiesen und nun sah sich Forstdirektor W. mit unangenehmen Fragen konfrontiert.

Die Fd. berichtet dem zuständigen Staatsministerium:

Herr R. war 23-mal beim Ansitz, wobei er bei etwa 20 Ansitzen vom Revierleiter geführt wurde. Ein Hirsch der Klasse IIb konnte in dieser Zeit nie bestätigt werden.

Es ist im Forstdirektionsbereich Karlsruhe nicht außergewöhnlich, dass Jagdgäste trotz größter Anstrengungen der Forstämter nicht zu Schuss kommen. Durch den erhöhten Abschuss beim Rotwild in den letzten Jahren ist der Bestand merklich gesunken. Infolge des starken Eingriffs beim Hirschabschuss in die Jugendklasse (hauptsächlich 1. und 2. Kopf) sind dadurch kaum noch mittelalte abschussnotwendige IIb Hirsche vorhanden.

Außerdem kommen zahlreiche Jagdgäste mit hohen Erwartungen und falschen Vorstellung zur Rotwildjagd in den Schwarzwald. Es wird zunehmend schwieriger, Jagdgäste auf den Hirsch zu Schuss zubringen.

Der Abschusserfolg der eingewiesenen Jagdgäste dürfte auf etwa 35–40% in diesem Jahr abgesunken sein.

Die Forstdirektion schlägt deshalb vor, nachdem die Situation für Hirschgäste im Nordschwarzwald derzeit eher noch ungünstiger zu beurteilen ist, Herrn R. im kommenden Jagdjahr in das Rotwildgebiet Schönbuch einzuweisen.

Weiter wird vorgeschlagen, dass die künftige Einweisung von Jagdgästen bei der nächsten Jagdreferentenbesprechnung erörtert wird. Es ist zu prüfen, ob bei der derzeitigen Situation noch Gäste auf Hirsche der Klasse II eingewiesen werden können.

Im vergangenen Jahr ist es trotz zahlreicher Einweisungen von Jagdgästen auf Hirsche der Klasse IIb kaum möglich gewesen, Jagdgäste erfolgreich zu Schuss zu bringen.

Am Ziel der Wünsche.

Auch Forstdirektor W. erklärt sich nun der Forstdirektion als vorgesetzter Behörde:

Bei der angestrebten, nahezu erreichten Wilddichte ist die Einweisung von Jagdgästen reichlich illusorisch und sowohl für den Gast wie auch für das Forstamt eigentlich eine Zumutung.

Sie bedeutet darüber hinaus eine zusätzliche Erschwerung der Abschusserfüllung, selbst dann, wenn wie im vergangenen Jahr nahezu keine Rücksicht auf die eingewiesenen Gäste genommen wird.

Es darf nicht übersehen werden, dass vorkommende IIc-Hirsche von den jagdausübenden Beamten selbst erlegt werden, schon allein deshalb, weil sonst die Abschusserfüllung gar nicht möglich wäre.

Eine vorherige Bestätigung solcher Hirsche für Jagdgäste ist deshalb nicht mehr möglich. Infolge der intensiven Eingriffs in die Jugendklasse gibt es aber andererseits nahezu keine Hirsche in der Klasse IIb mehr. Jagdgäste, die auf solche Hirsche in der Klasse IIb eingewiesen werden, laufen praktisch ins Leere!

Die Folgen sind einerseits unnötige Arbeit und unnötige Störungen im Jagdbetrieb und anderseits Ärger bei den eingewiesenen Gästen. Beides ließe sich leicht vermeiden, wenn die logische Konsequenz aus der Verringerung des Wildstandes auch in diesem Punkte gezogen würde. Soweit Forstdirektor W.

Wenn man eine Sache zum Verkauf anbietet, aber von vorneherein weiß, dass man die Sache gar nicht verkaufen kann. Darüber auch noch einen Vertrag abschließt, und jetzt nehmen wir nur in reiner Hypothese an, das würde eine private Jagdagentur in dieser Art veranstalten.

Spräche man dann nicht eventuell über Betrug?

Warum klärte man Jagdgäste nicht gleich von vornherein auf?

Dass Jagdgast R. sich verschaukelt vorkam, ist nachzuvollziehen. Am 10.5.1982 wendet er sich abschließend an den selbstgefälligen Forstdirektor W. :

Eigentlich habe ich, nach dem letzten Schreiben die Angelegenheit als für mich erledigt angesehen, Ihr obiges Schreiben kann ich jedoch nicht unbeantwortet lassen.

Ihre Schreiben erweckten in mir den Eindruck, dass meine Schreiben nicht mit der nötigen Sorgfalt gelesen wurden.

Es geht nicht um die Problematik der Rotwildbejagung, sondern allein darum, dass es feststand, dass in dem Revier kein IIb Hirsch stand. Mit Problematik hat dies doch gar nichts zu tun, mit etwas anderem viel eher.

Wenn ich das Ansitzen im Kurpark aufführte, so war für einen aufmerksamen Leser dies ein Vergleich, der zum Ausdruck bringen sollte, dass in dem Revier kein IIb Hirsch stand. Oder steht im Kurpark einer? Deshalb halte ich Ihre Belehrungen über das Ansitzen im Kurpark für nicht angebracht.

Ob ein Abschuss im Wildpark mir besser anstehen würde, dies zu beurteilen müssen Sie mir überlassen.

Um keinen Zweifel daran zu lassen, halte ich fest:

Die Jagdführung war erstklassig und darüber gibt es keine Diskussion.

Mitte der 90ziger Jahre kam auch für Forstdirektor W. das unausweichliche Karriere-Ende in Form der Pensionierung, mit einem kostenlosen Abschiedshirsch der Klasse Ia wurde es ihm nicht allzu schwer gemacht. Der Abschiedshirsch kam bald zur Strecke, ein junger 14-Ender der Klasse IIa, bei der großen Problematik der Rotwildbejagung ein vernachlässigbares Problem, gell!

Die Forstdirektion ist weiter davon überzeugt die Rot- und Rehwildbestände seien überhöht und müssten noch weiter reduziert werden. Im Bericht über das Abschussergebnis 1981/2 und die Abschussplanung 1982/3 wird festgestellt:

Die gebietsweise noch überhöhten Wildbestände und die örtlich noch anhaltenden Schäden geben Hinweise, dass die begonnenen Anstrengungen fortgesetzt werden müssen. Rechtzeitiger Beginn des Abschusses, vermehrter Einsatz geeigneter Jagdgäste und genehmigte Treibjagden sind wesentliche Hilfen, um überhöhte Wildbestände abzubauen.

Nach der Auffassung der Forstdirektion dürfen die Bemühungen beim Rotwildabschuss noch nicht nachlassen. Es wird daher ein Abschuss von 1,8 Stück je 100 ha im Rotwildgebiet angestrebt.

Es sind daher auch künftig große Anstrengungen nötig.

Es wird gebeten, soweit erforderlich, entsprechende Nachtanträge einzureichen.

Auf Wunsch einiger Rotwildforstämter werden die Jagdgäste auf Kahlwild bereits zum jetzigen Zeitpunkt eingewiesen. Die Verteilung der Hirschabschüsse erfolgt später.

Die Warteliste für Bewerber um Hirschabschüsse ist auf weiteres geschlossen. Es können daher keine Bewerber mehr vorgemerkt werden.

Der Rotwildabschuss 1981/2 betrug 1,4 Stück je 100 ha Waldfläche im Rotwildgebiet. Das Abschussergebnis liegt damit rund 15% unter dem Vorjahresergebnis. Die Abschussplanung konnte nur zu 72% erreicht werden.

Der Rehwildabschuss bei der diesjährigen Abschussfestsetzung konnte den Vorstellungen der Forstämter nicht in allen Fällen entsprochen werden, da die Verbiss- und Schadensituation eine Verminderung der Abschussfestsetzung noch nicht zulässt. Erhöhungen werden dort vorgenommen, wo verstärkte Wildschäden durch Rehwild erkennbar sind.

Diese Maßnahme ist sachlich begründet und soll gleichzeitig dazu beitragen, näher an die wesentlich höheren Abschusspläne in den verpachteten Jagden heranzukommen. Nur dann bleibt der Anspruch der Landesforstverwaltung glaubhaft, in Jagdfragen Vorbild zu sein.

Die Forstämter werden gebeten, wie bisher die Wildstands- und Wildschadensentwicklung kritisch zu verfolgen und gegebenenfalls weitere Abschussanträge einzureichen.

Jagdgäste, die zum Abschuss auf Rehböcke eingewiesen wurden, sollen, sofern ihrerseits Interesse besteht, auch am Abschuss von weiblichem Rehwild beteiligt werden.

Die Forstdirektion würdigt den großen Einsatz der Forstämter und des Forstpersonals und dankt hierfür allen beteiligten.

Von Jährlingen die auszogen um einmal jagdbare Rehböcke zu werden oder: Das Märchen vom Waldsterben

Die 80er Jahre im Zeichen des Waldsterbens und der Rehwild-hysterie

Aus Jährlingen werden ältere Böcke, wenn man sie lange genug leben lässt!

Der Eine oder die Andere von Ihnen verehrte Leser, wird sich vielleicht mit dem Gedanken tragen eine Reise in den Nordschwarzwald zu unternehmen, um Erholung in der Natur zu finden. Das sollten Sie sich aber vorher gründlich überlegen, um die Risiken einer derart gefährlichen Reise nicht zu unterschätzen. Der Afrikareisende wird lachen, hat er doch tödlichen Krankheiten, marodierenden Söldnerbanden, Hitze und Orkanstürmen erfolgreich getrotzt. Denken sie aber bitte daran, hier im Schwarzwald lauert eine viel tödlichere Gefahr auf Sie – nämlich Rehe!

Das heimtückische bei den Bambis ist, dass man Ihnen die Niedertracht auf den ersten Blick überhaupt nicht ansieht, und jahrhundertelang fielen ganze Jäger und Förster Generationen auf die Heimtücke des Rehwildes herein. Am Schlimmsten sind vor allen Dingen die Rehböcke. Gerade ältere Rehböcke mit starkem Gehörn verursachen immense Schäden und zerstören die Umwelt. Daran sollte Sie stets denken, bevor sie sich beim Anblick von Rehen auf Ihrer Reise in den Schwarzwald auch noch freuen.

Aber auch bei den Rehen gilt der Grundsatz:

Gefahr erkannt, Gefahr gebannt! In den 80er Jahren stellte ein Abgeordneter einer Fraktion im Landtag in Stuttgart die Frage, warum man den Rehböcken noch eine Schonzeit gestatte, so könnten diese ungehindert und vom Gesetzgeber geschützt für viele tausend Mark Schäden am Wald anrichten.

Die Jäger mussten nun entsprechend geschult werden, um dem Waldsterben wenigstens ein bisschen Einhalt zu bieten, wenn man bitteschön ein Reh sieht, nicht fackeln und lange gucken, einfach schießen!

Wer nach 200 Ansitzen keine Rehe mehr sieht, halte sich stets vor Augen, es gibt noch mehr als genug davon. Unter den Steinen, in den Wipfeln der Bäume, vielleicht haben sie sich aber auch vorübergehend in Luft aufgelöst.

Humor ist wenn man trotzdem lacht!

Bestens Veranlagter Jährling, warum erlegen?

Der Auslöser für die Hysterie gegen das Schalenwild im Allgemeinen und insbesondere beim Rehwild in den achtziger Jahren war eigentlich banal, das Waldsterben, ein geschickt eingefädelter Schachzug der mit Hilfe der Medien zum Selbstläufer wurde.

Der Begriff Waldsterben tauchte gleichzeitig mit den großen Bürgerbewegungen der 80er Jahre auf, umweltpolitische Strömungen sowie die Friedensbewegung hatten denselben Grundgedanken, die Bedrohung unserer Welt durch eine Apokalypse.

Bei den Friedensbewegungen war die Triebfeder die Auslöschung der Menschheit durch einen weltumspannenden Atomkrieg, bei den Umweltorganisationen die Angst vor der friedlichen Nutzung derselben, „Atomkraft? Nein Danke!" wurde zum geflügelten Slogan, wie real diese Bedrohung war, zeigte sich bei der Reaktorkatastrophe von Tschernobyl überdeutlich.

Beim Waldsterben lagen jedoch ganz andersartig gelagerte Umstände vor, die Vergiftung der Wälder durch Luftschadstoffe. Nach dem Motto: stirbt der Wald, stirbt der Mensch, wurde das Waldsterben als ganz Deutschland übergreifende Bedrohung dargestellt und jeder Bürger wurde mit Hilfe der Medien aufgerufen dagegen etwas zu tun.

Die 80er Jahre waren politisch gesehen ganz eindeutig die Ära des CDU Kanzlers Helmut Kohls der 1982 mit Hilfe der FDP Friedrich Genschers die regierende SPD Helmut Schmidts mit einem Misstrauensvotum im Bundestag entmachtete.

16 Jahre lang, von 1982 bis 1998 regierte Helmut Kohl die Bundesrepublik an einem Stück, eine beispiellose Politiker-Karriere. Sie lieber Leser werden sich jetzt sicher fragen, was haben ein Kanzler, das Waldsterben und das Rehwild miteinander zu tun? Enorm viel!

Die Politik neigt immer dazu Themen, aufzugreifen die einen einfach nachvollziehbaren aber unverbindlichen Hintergrund haben, wie zum Beispiel der „Gute" hilft, der „Böse" ist dort, „die da haben an allem Schuld."

Damit kann sich der Politiker mit ähnlich vagen Aussagen positionieren, um Wählerstimmen zu werben. Nach dem Wahl-Motto vor der Wahl „Händedruck" nach der Wahl „Hundedreck".

Beim Waldsterben reagierte die regierende Politik ein bisschen anders, zu stark war die grüne politische Strömung und als sich die Partei erfolgreich Wählerstimmen eroberte und in Länderparlamente einzog, kam man als Regierungspartei nicht mehr drum herum etwas für den Emissionsschutz der Wälder zu tun. Eine an sich sehr positive Entscheidung und die daraus heute resultierenden Gesetzte und Vorschriften haben im Allgemeinen sehr viel für den Umweltschutz und das Umweltbewusstsein bewirkt.

Beim Waldsterben, das medial gefördert unablässig durch den deutschen Blätterwald rauschte, lag der Schwarzwald mitten im imaginären Zentrum, einige Leute glaubten das Waldsterben würde großflächig und überall gleichzeitig auftauchten, und der saure Regen der Autoabgase verursache ein europaweites Absterben aller Wälder.

Die Bundesrepublik bestand damals „nur" aus den alten Bundesländern, die Grenze teilte Deutschland noch in zwei Staaten und Geld gab es damals im Staatshaushalt der BRD noch im Überfluss, wäre kein Geld vorhanden gewesen, das Waldsterben hätte es nie gegeben.

Wie entstand das Waldsterben nun eigentlich wirklich?

Erstens, wollen sie ein Produkt bekannt machen, müssen sie es bewerben.

Federführend in dieser Medienoffensive waren „Spiegel", „Stern", „Die Zeit" und die „FAZ", die über einen Zeitraum von fast 10 Jahren immer wiederkehrend wie eine Gebetsmühle darüber berichteten. Den Anfang machte die „Spiegel"-Serie „Das stille Sterben – Säureregen im deutschen Wald."

Diese Medienkampagne bediente sich stereotyp immer gleicher Klischees wie „Oh Tannenbaum wo sind deine Blätter?" oder „Wenn die Böden sauer werden" die emotional und ohne den wissenschaftlichen Beweis zu erbringen über das angebliche Absterben der Wälder berichteten.

Den Höhepunkt erreicht das mediale Waldsterben um 1983. Der BUND, Robin Wood und Greenpeace hatten erkannt, dass sich mit dem Waldsterben Kasse machen ließ. Sie bemächtigten sich des Waldsterbens für ihre Zwecke und schnell war es dank gut organisierter Verbandsstrukturen in aller Munde und wurde auf jedem Fest irgendeines Vereins diskutiert oder bei der Gemeinderatssitzung debattiert. Das einzige was jetzt noch fehlte waren Forschungsergebnisse, die den Beweis erbringen sollten, wie schlecht es um den deutschen Wald steht.

Zweitens, sie benötigen eine Lobby die bedingungslos hinter ihrem Produkt steht.
Die Forstleute taten sich zu Beginn dieser Kampagne schwer, kein Mensch vom einfachen Forstinspektor bis hinauf zum Landesforstpräsidenten hatte je etwas von einem landesweiten Waldsterben gehört, woher auch, es hatte ja nie eines in der geschilderten Art in Deutschland, in Europa oder sonst wo auf der ganzen Welt gegeben. Lediglich auf einigen Fachtagungen wurde das über Jahrzehnte immer wieder auftretende Weißtannensterben diskutiert, man stellte aber nach wissenschaftlicher Untersuchung auf einer Fachtagung 1979 in Pforzheim am Fuße des Schwarzwaldes fest, dass man die Symptome der geschädigten Weißtannen als zeitlich und räumlich begrenzte Krankheit, von der sich die Tannen wieder erholen können, bezeichnen muss.

Die Ursachen der Erkrankungen seien vielfältig und der Eintrag von Schadstoff-Emissionen aus der Luft nur eine von vielen.

Was die Forstleute nachhaltig weiter beschäftigte und den Grundstein für das Waldsterben legte, war der festgestellte Zuwachsrückgang bei der Weißtanne, mit den Argumenten das Pflanzen- und Tierpopulationen periodischen Schwankungen unterliegen, schließlich handele es sich bei jeder Lebensform um eine dynamischen Entwicklungsprozess, gab man sich nicht mehr zufrieden. Staatliche Verwaltungen gaben der Statistik den Vorzug, ein schwerwiegender Fehler.

Einige Forscher rückten massiv die ungesicherte Hypothese des sauren Regens in den Vordergrund und sahen allein darin die Ursache an dem Erkranken der Tannen- und Fichtenbestände, zwar gab man zu, dass die Niederschläge in Form von Regen seit der Eiszeit von Natur aus sauer sind, doch das Mehr an Schadstoffen, wie die Schwefelsäure aus den Auspuffrohren, mache die Wälder nun endgültig krank, was zu viel ist zu viel.

Noch im Jahr 1982 erklärte der Chef der Forstverwaltung Scheifele bei der jährlichen Dienstversammlung der Forstamtsleiter von Baden-Württemberg ausdrücklich, dass *„eine anhaltend latente Diskussion um Luftschadstoffe und Tannensterben verfehlt, unbegründet und dem Ansehen des Waldes und dem Holzgeschäft hinderlich sei"*! Diese Diskussion habe von Amtswegen an zu unterbleiben.

Drittens, es gehört zu den Eigenheiten des Menschen, die eigene Meinung plötzlich und ohne Vorankündigung zu ändern.
Dieses Phänomen zeigte sich im Herbst 1983 auch bei dem Chef der Forstverwaltung Scheifele, hatte er noch ein Jahr zuvor jedem Forstmann in Baden-Württemberg der sich positiv über die Existenz des Waldsterbens äußerte höchstpersönlich eine Maulkorb umgehängt, so entschuldigte er sich ein Jahr später bei einer Versammlung bei jedem Einzelnen und verkündete, das Waldsterben sei ausgebrochen, und wehe dem Forstmann, der etwas anderes behaupte.

Woher kam dieser plötzlich Sinneswandel?

Viertens, Money makes the world go round.
Die tragbare Schalenwilddichte pro 100 Hektar Wald war zu jener Zeit ein oft diskutiertes Thema. Im Spannungsfeld Wald-Wild, ganz im Gegensatz zu der tragbaren Forstbeamtendichte pro 100 Hektar Wald für die sich kein Mensch interessierte, warum auch, in der ganzen Bundesrepublik hatten sich die Verwaltungen in ungeahnte Ausmaße aufgebläht. Es wäre jetzt ungerecht den Forstberuf pauschal in Misskredit zu bringen, doch zu jener Zeit hatte die Forstverwaltung einen riesigen Personalbestand zu unterhalten der dauernd Geldmittel von außen benötigte, um überleben zu können.

Sparzwang war angesagt aber vom Ministerium bis hinunter ins kleinste Forstamt nicht immer umsetzbar. Stellen sie sich ein Forstamt in den 80er Jahren mit sagen wir 5000 Hektar zu betreuendem Wald vor. An dessen Spitze stand der Amtsleiter in Form eines Forstdirektors oder zumindest eines Oberforstrats und mit entsprechend gehobener Gehaltsstufe.

Die Bürogeschäfte leitet ein IG, in der Regel ein Forstrat, die Forstreviere in etwa 1000 Hektar groß leiteten wiederum Forstbeamte in Form von Inspektoren oder Amtsmännern, die jeweils bis zu 6 Forstwirte in ihren Revieren beschäftigten. In den Büroräumen wurden nochmals 2–3 Sekretärinnen, ein Lohnrechner und eine Reinigungskraft im Mittel beschäftigt. Rechnen wir nun grob zusammen, sind das über 40 Personen auf der Gehaltsliste der Forstverwaltung in einem einzigen kleinen Schwarzwälder Forstamt. Rechnen Sie nun die Einnahmen aus dem Durchschnitt des Holzeinschlages als Einnahmen gegen, so merkt selbst ein ABC-Schütze der die Grundrechenarten gerade erst erlernt hat, dass am Ende nicht einmal ein leichtes Plus herauskommt.

So passte das Waldsterben hervorragend in den Plan, um sich neuen vielfältigen Aufgaben zu widmen, wer sonst außer den Förstern sollte seine Hand schützend über den deutschen Wald halten.

Die forstliche Versuchsanstalt in Freiburg erwachte nun auch aus ihrem tiefen Dornröschenschlaf und brachte 1983 einen ersten Waldzustandsbericht heraus, dieser Waldzustandsbericht der FVA in Freiburg war der Urvater des Waldzustandsberichts der Bundesregierung. Mit ihm konnte man den unwissenden Massen klarmachen, was dem deutschen Wald eines Tages blüht, wenn man die Ursachen nicht wissenschaftlich erforscht. So weit so gut, riesige Geldsummen wurden nun im Laufe der Jahre bereitgestellt, alles in allem die unvorstellbare Summe von 500 Millionen harter guter Deutscher Mark, nicht dieses Monopoly Spielgeld Euro, wie es heute in den Sparstrümpfen der Bundesbürger steckt.

Dieser permanente Geldregen ließ auch alle Arten von wissenschaftlichen Instituten erblühen die ihre Forschung sofort auf den neuen Bedarf ausrichteten und munter vor sich hin forschten, ohne je ein Ende oder Ursache des Waldsterbens zu finden, was eigentlich verständlich ist, es hätte ja das Ende der Forschungsarbeit bedeutet. Des Weiteren machten sich Wildbiologen, ehemalige Berufsjäger und Forstbeamte mit ökologischen Beratungsbüros selbstständig, um den Jägern die neue Marschrichtung beim Reh- und Rotwildabschuss vorzugeben und die sprudelnde Geldquelle mit anzuzapfen.

Die politischen Weichen für den Geldregen wurden bereits in den 60er Jahren unter den Regierungen Brandt und Schmidt gestellt, die damals das Bundesemissionsgesetz auf den Weg brachten, damals gab es noch kein Waldsterben, dafür ließen versauerte Seen in Skandinavien aufhorchen deren Fischsterben durch den Schadstoffeintrag der Schwerindustriellen Englands verursacht wurde. Dieses Gesetz war also vorhanden und die Regierung Kohl konnte darauf zurückgreifen und die regierenden Politiker nahmen die angeblich Bedrohung durchaus ernst, insbesondere als klar war, welches Drohpotenzial die Partei der Grünen damit in den Händen hatte, um massenweise Wählerstimmen zu erringen. Als die Regierung Kohl daran ging die Geldmittel fließen zu lassen, waren alle Weichen gestellt, um das Waldsterben 15 Jahre lang virtuell am Leben zu halten. Bei seriöser Forschung wären alle Faktoren berücksichtigt worden, nicht nur der Schadstoffeintrag aus der Luft, aber man war dafür ideologisch nicht bereit, außerdem wäre der Geldsegen versiegt wenn man die wirklichen Ursachen erkannt hätte, das galt es zu verhindern.

Einen kranken Wald zu retten, welcher Förster wäre dabei nicht bewundert und beachtet worden, Szenarien wurde herauf beschworen, die man in Berichten niederschrieb und an vorgesetzte Behörden schickte, die wiederum dass Schlimmste befürchteten und noch düstere Prognosen an die Politik weitergaben, da man keine großflächig abgestorbenen Waldbestände im Schwarzwald fand, unterlegte man die Berichte mit einzelnen Bildern von flächig abgestorbenen Fichten die der Borkenkäfer liquidierte hatte oder mit Fotos abgestorbener Bäume aus Tschechien die in unmittelbarer Nähe der Hauptwindrichtung der Schornsteine eines Luft verpestenden Kohlekraftwerkes gestanden hatten.

Der Bevölkerung, zu 99,9 Prozent forstliche Laien, fiel dieser Etikettenschwindel gar nicht auf.

Machten die Schadstoffe aus der Luft quasi von oben dem Schwarzwald den Garaus, so tat sich am Boden eine zusätzliche Gefahr in Form des kleinen Knospenverbeißers auf – dem gemeinen Reh.

Nie waren die Rehwildbestände höher, sagten die einen, nicht höher wie schon immer, die anderen. Waren es beim Rehwild bis jetzt die Schäden in der Landwirtschaft die den Bauern ärgerten, regte sich nun im Wald der Ungemach. Der forstlich relevante Schaden in Form von Verbiss, war nun das Maß aller Dinge. Wie soll sich denn ein kranker Wald verjüngen, wenn ihn Rehe und Hirsche permanent auffressen?

Das hieß, waldbaulich sprach man allergrößte Bedeutung zu. Der naturnahe Waldbau favorisierte anstelle der Saumwirtschaft die Verjüngung – in erster Linie der Tanne – auf der Fläche ohne Wildschutzmaßnahmen. Diesem Umdenken ging jedoch ein halbes Jahrhundert vergeblicher Bemühung bzw. das Scheitern der Tannenverjüngung am Saum voraus. Im bäuerlichen Plenterwald, wie er in den Randzonen des Rotwildgebiets Nördliche Schwarzwald vorherrscht, und wo auf der gesamten Fläche verjüngt wird, versuchte man mit immer höher geschraubten Abschussplänen der Rehe Herr zu werden bzw. die Tannenverjüngung in den Griff zu bekommen, um die in aller Wahrscheinlichkeit in nächster Zukunft total absterbenden Altholzbestände wenigstens mit der verbliebenen Verjüngung zu erneuern.

Wald vor Wild! Nüchtern betrachtet eine Radikalisierung der Jagd.

Um genügend Rehe zu erlegen war vieles recht, der sogenannten Kirrung sprach man höchste Effizienz bei der Bejagung von Rehen zu. Schneezeit ist Rehzeit. Unnütz dagegen fand man auf einmal Rehe zu füttern, selbst bei hohem Schnee. Wo kommt denn der überhaupt noch vor? Und Notzeit gibt es im gut beheizten Büro überhaupt keine. Sehr viel Konfliktpotenzial, um staatliche und private Jäger auseinanderzubringen.

Der alte Wahlspruch auf der Bockjagd „Diesen oder Keinen" wurde zu „Keinen oder Diesen", der andauernde starke Eingriff führte zu nachtaktiven scheuen Rehen, das Durchschnittsalter der erlegten Rehe sank drastisch.

Nun ist es von der Natur durchaus gewollt, dass Pflanzen verbissen werden, Pflanzen brauchen eben Pflanzenfresser. Wäre es anders hätte die Evolution in irgendeiner Form ein Luftschadstofffressendes Tier hervorgebracht. Nur durch dauernde Konkurrenz entsteht Pflanzenvielfalt. Aber über das „Wieviel" und „Wieoft" lässt sich trefflich streiten. Viele tausend Buchseiten sind zu diesem Thema beschrieben worden, und im Schwarzwald hat man eben dieses Problem auf Kosten der Rehe gelöst – das ist nun einmal Fakt.

Dabei tut man den Rehen unrecht, und wenn man es auch nicht glauben will und schon gar nicht zugeben kann, Rehe haben eine

Hochjagdbarer und jagdbarer Bock.

wichtige Aufgabe im Ökosystem. Sie stehen nicht einfach nur so im Wald herum, ihnen kommt eine wichtige ökologische Bedeutung zu.

Der schwerwiegendste Fehler, bei der intensiven Rehwildbejagung, der meist nie ohne Folgen bleibt, ist der gestörte Altersklassen-Aufbau. Der Anreiz einer höheren Vermehrungsrate erfolgt gerade durch den erhöhten Abschuss. In waldreichen Gebieten sorgt während der Erhaltungsphase ein sehr komplexes sozio-ökonomisches System der adulten Geißen für einen geringen weiblichen Nachwuchs. Wird dieses System durch andauernde intensive Bejagung aus den Fugen gebracht, indem man die älteren ranghöchsten Geißen abschießt, so bricht es auseinander. Die Nachwuchsrate schnellt in die Höhe, denn der soziale Stress auf jüngere Geißen ist aufgehoben.

Das führt wiederum zu geringen Körpergewichten. Der gleiche Ansatz gilt auch bei den Böcken, wenn Jährlinge das Brunftgeschehen übernehmen müssen, wenn keine mehrjährigen Böcke mehr existieren.

Jeder vitale und gesunde Rehwildbestand muss über genügend ältere Stücke verfügen, das ist der Wille der Natur.

Die intensive Jagd verursacht eine Sogwirkung, leer geschossene gute Rehwild-Einstände werden sofort wieder besetzt, in anderen findet man nicht mal mehr ein Trittsiegel oder eine Fegstelle. Ärgerlich, wenn man den Abschuss trotz größter Anstrengung nicht mehr erfüllen kann und dafür auch noch Pacht bezahlt.

So fand sich zu Ende der 80er Jahre in einem Ausbildungsrevier in der Nähe von Bad Herrenalb ein junger in der Ausbildung stehender Förster ein. Nach kurzem Reviergang erklärte er dem verdutzten Revierleiter: Hier gibt es zu viel Wild, dass könne er sofort an der vorhandenen Vegetation erkennen.

Ein Jahr verging und der Eleve hatte nicht ein Stück Rehwild erlegt, geschweige denn sonst irgendetwas!

Oberforstrat L. aus Altensteig ermahnte die Jäger bei der jährlichen Hegering-Versammlung nur keine Füchse zu schießen, da Füchse Rehkitze fressen.

Die dagegen beklagten die angeblich laxe Handhabung des Nachtjagdverbotes und die Erlegung von Böcken während der winterlichen Treibjagd.

Die Jagdzeiten auf Rehwild hier in Baden-Württemberg gehen vom 1. Mai bis Ende Februar, ganze 8 Wochen gönnt man dem Rehwild noch Ruhe. Ein einziger Witz!

Macht die Vorverlegung der Jagdzeit auf den 1. Mai vielleicht noch Sinn, so bringt die Dauerbelagerung rein gar nichts, unsere europäischen Nachbarn machen es längst vor, weniger ist mehr. Das Wild ist vertraut, und bei gutem Licht kann der nötige Wahlabschuss getätigt werden.

Objektiv betrachtet ist es richtig, bei überhöhten Rehwildbeständen einzugreifen, kein Jäger der das Jagen ernst nimmt wird sich dem anschließen. Aber irgendwann hat man das Ziel erreicht und man kann zum normalen Jagdbetrieb wieder übergehen.

Und genau an diesem Punkt gingen und gehen die Meinungen weit auseinander.

Die Ursache liegt im Jagdsystem selbst. Auf der einen Seite die Privatjäger mit ihren Pacht- und Eigenjagden und auf der anderen Seite die Regiejagd mit den Forstbeamten. Und dann die Jäger mit entgeltlichen Begehungsscheinen und dic Jagdgäste. Die Jagdnutzungsanweisung regelt die Regiejagd, sie ist gemacht von Beamten für Beamte.

In Baden-Württemberg suchen wir völlig vergebens die Berufsjäger als staatliche Angestellte.

Es ist nicht die Aufgabe dieses Buches das Für und Wider der Privat- und Regiejagd zu erörtern. Es dient nur dazu den Sachverhalt zu erklären, denn für beide Seiten gilt:

Wess' Brot ich ess', dess' Lied ich sing.

Die Diskussion sollte man aber nicht auf dem Rücken von Wildtieren austragen, schon gar nicht auf dem der Rehe.

Leider werden die Schäden, die durch die Forstwirtschaft selbst entstehen, in keinster Weise berücksichtigt, dazu gehören der Forstwegebau, Bodenverdichtung durch die schweren Erntemaschinen und Rücke-, Ernte- und Transportschäden, sowie nicht standortgerechte Baumarten.

Geht nicht gibt's nicht! Das gilt gerade bei der Holzernte!

Und was war nun mit dem Waldsterben?

Nüchtern betrachtet kamen in den 80er Jahren des vergangen Jahrhunderts mehrere Klimaphänomene und Baumkrankheiten zusammen. Zwar erkannte man die Erkrankung der Bäume anhand der vergilbten Nadeln und dem Vertrocknen der Kronen, das unter Umständen zum Absterben des ganzen Baumes führen konnte, nur die Luftschadstoffe hatten keinesfalls die Bedeutung wie es damals mit allen Mitteln glauben gemacht werden sollte. Bäume sind Lebewesen auf unsere Erde, die wie alle einer Unzahl von Krankheiten durch Bakterien, Viren und Pilze ausgesetzt sind, die ihnen Schaden zufügen wollen, um selbst überleben zu können.

Fliegender Förster.

Abschließend kann festgestellt werden, dass es sich bei der **Weißtanne**, deren angeblich massenhaftes Absterben das Waldsterben einläutete, um immer wieder periodisch auftretende natürliche Krankheiten (Pilze), Frostschäden (Wundinfektionen durch Haarrisse, Braunwerden der Nadeln) handelt. Falscher Waldbau und dadurch bedingte falsche Standortwahl setzen der Tanne am meisten zu, da sie auf eine stetige Wasserzufuhr angewiesen ist, um gut und gesund wachsen zu können. Ist dies durch falschen Waldbau nicht gewährleistet, so greifen die geschwächte Tannen Schadinsekten wie Rüsselkäfer, Borkenkäfer und Holzwespen an, bei massenhaftem Auftreten stirbt sie ab.

Bei der **Fichte** sind die Ursachen ähnlich gelagert. Befall durch Nutzholzkäfer aller Art (Käferbefall). Des Weiteren der Frosttrockenriss, das Harzen der Bäume an exponierten Stellen, die Dürrgipfel und das Gelbwerden der Nadeln mit anschließendem Nadelverlust sind nicht durch Luftschadstoffe verursacht, sondern durch den Mangel des Minerals Magnesium.

Bei der Buche sind die Schadbilder eindeutig als ständig vorkommende Krankheiten zu identifizieren.

Der Eintrag aus der Luft hat allerdings dem Schwarzwald einen besonderen Wachstumsschub beschert, der Stickstoffeintrag bewirtet eine außerordentliche Düngung, den Bäumen tat es gut.

Es würde den Rahmen dieses Buches sprengen jedes einzelne Krankheitsbild, wie es seit Millionen von Jahren in der Natur vorkommt, zu erklären, wer jedoch mehr davon wissen möchte, wende sich an den pensionierten Förster Elmar Klein aus dem Südschwarzwald, der allen Hindernissen und Widerständen zum Trotz die Wahrheit über das Waldsterben ans Licht der Welt gebracht hat.

In der Amtszeit des Ministerpräsidenten von Baden-Württemberg, Erwin Teufel, wurden die Sonderbehörden, dazu gehörte unter anderem die Landesforstverwaltung, aufgelöst und in die Landkreise verlagert.

Ein Schritt, der unter den Bediensteten und Beamten der Forstverwaltung großen Unmut auslöste.

Der Neubeginn im Landratsamt – für viele Forstbeamte eine schmerzliche Erfahrung, die jeden Morgen mit dem einchecken der Karte am Personal-Computer aufs Neue gemacht werden musste.

Der ehemalige Forstamtsleiter mit eigenem Forstamt, nur noch Abteilungsleiter in irgendeiner Außenstelle und dem gleichen Dach mit dem Roten Kreuz, KFZ-Zulassung und dem sozialen Dienst, rein moralisch ein Abstieg in die Bedeutungslosigkeit. Eines ist jedoch sicher, die Rehe und das Waldsterben hatten nachweislich keine Schuld daran.

Die Geweihformen der Rothirsche im Nördlichen Schwarzwald oder: Man hält einen Diamanten in den Händen und merkt es nicht

Handkrone.

Ungerader Achtzehnender 194,2 Punkte und Abwurfstange desselben Hirschs vom 6. Kopf.

Standort und Flora

Innerhalb der Verbreitung des Rotwildes gibt es keinen Bodentyp und keine Flora, dem der Rothirsch nicht die zum Leben erforderlichen Bedingungen abzwänge.

Der Boden

Wir finden ihn auf den fruchtbarsten Standorten des Kontinents, auf den Auböden der großen Flüsse und auf den kräftigen Gebirgsverwitterungsböden basischer Eruptivgesteine oder kalkhaltiger, junger Faltengebirge; andererseits aber auch auf den armen Gneis- und Granitböden der alten Rumpfgebirge und auf ihren kalkfreien Hochmooren ebenso wie auf den ausgelaugten diluvialen Talsanden der 1. und 2. Vereisung und auf den Sand- und Dünensanden des Würmvorstoßes.

Dazwischen beherrscht er natürlich alle vorkommenden Bodentypen.

Die Flora

Von diesen Böden und ihrem Klima hängt die Vegetation ab, die dem Hirsch als Äsung zur Verfügung steht; einerseits jene urwaldartige, mannshohe Krautflora der riesigen Kahlschläge in den Buchenhängen der Waldkarpathen oder die phantastische Vegetation der slawonischen Aueböden.

Andererseits gibt es in den armen Kieferheiden des Ostens zwischen der Nadelstreu nichts als die harten Stängel des Heidekrauts und das fahle Graugrün der Rentierflechte, ein paar spärliche Süßgräser an den Wegrändern und die Rinde der jungen Kieferstämmchen. Das sind ganz gewaltige Gegensätze, und es gibt keine Landschaft in den Grenzen seines Gebiets, der der Hirsch nicht doch das abgewinnt, was er zum Leben nötig hat.

Diese Zeilen stammen aus der 1938 erschienen Originalausgabe „Zur Naturgeschichte des Rothirsches“ von Dr. Joachim Beninde.

Forstmeister Beninde promovierte 1938 an der Forstliche Hochschule Eberswalde, Hann. Münden. Und erhielt noch im gleichen Jahr einen Lehrauftrag für Jagdkunde und Jagdwissenschaft.

Als Basis für seine Forschungsarbeit wurde ihm das Forstamt Stettin bei Mützelburg übertragen. Dr. Beninde starb tragischerweise den Soldatentod gleich zu Beginn des Polen-Feldzuges, im September 1939.

Beninde, der mit der Erfassung und Erklärung der Paläontolgie und Paläobiologie, der Morphologie, der Physiologie und Ökologie in der Jagdforschung Neuland betrat, legte mit dieser wissenschaftlichen Arbeit, die sich heute für den praktischen Rotwildjäger etwas kompliziert liest, den Grundstock zur ganzheitlichen Betrachtungsweise des Rotwildes.

Vieles von dem was Beninde erstmalig behandelte erwies sich als grundlegend richtungweisend, wenn er sich auch von den Vogtschen Fütterungsversuchen mit stark eiweißhaltigen Futtermitteln nicht ganz frei machen konnte und ihnen einen zu großen Stellenwert beimaß, wie viele nach ihm.

Einen Faktor hatte Beninde damals jedoch ungenügend berücksichtigt, es war das Licht.

Grundlegende Änderung der Lichtwerte bedingen grundlegende Änderungen der Pflanzenwelt, dies sollte sich im Rotwildgebiet Nördlicher Schwarzwald ganz besonders zeigen.

Wie ein roter Faden zieht sich die angeblich schlechte Geweihbildung der Hirsche im Nördlichen Schwarzwald durch die vergangenen hundert Jahre, der man mit einem Wust von Regeln und Verordnungen, und übertriebener Fütterung zu Leibe rückte, und im Endeffekt fast nichts erreichte.

Die Punktzahl die ein Spitzenhirsch aus den 80er Jahren erreichte, war nicht höher als die eines aus den 30ern oder um die Jahrhundertwende stammenden.

Nun könnte man einwenden, man spreche dem Geweih eine zu große Bedeutung zu, es bleibt aber neben der Dokumentation von Körpergewichten von Hirschen, Kälbern, Schmaltieren und Alttieren das einzige Mittel zum konstanten Vergleich, dass ohne großen Aufwand ermittelt und herangezogen werden kann. Außerdem wird sich die Natur schon etwas dabei gedacht haben, wenn sie die meisten Cerviden mit Stirnwaffen ausgestattet hat.

Natürlich hatte man im Schwarzwald, wie in allen Rotwildgebieten der Bundesrepublik, versucht alte Zöpfe abzuschneiden, und Vereinfachungen der Abschussrichtlinien im auslaufenden 20. Jahrhundert eingeführt.

Dazu gehörte die Klasseneinteilung der Hirsche, die auf drei Altersklassen beschränkt wurde:

Die Klasse III definiert sich ausschließlich über das Lebensalter, bis zum dreijährigen Hirsch. Die Klasse II kennt noch die Trennung in A für doppelseitige Kronenbildung und in B für einseitige bzw. fehlende Kronenbildung, für vier- bis neunjährige Hirsche.

Die Klasse I wiederum das Lebensalter, so darf sich ein 12-jähriger Mönch Einser nennen. Alle Hirsche mit 10 Jahren gehören automatisch in die Klasse I, eine Trennung in A oder B erfolgte nicht mehr.

Vom wildbiologischen Standpunkt betrachtet eine an sich richtige Entscheidung, wenn auch das Zielalter mit 12 Jahren mehr Sinn gemacht hätte, denn einen 10-jährigen Rothirsch als alt zu bezeichnen ist ein Witz. Um solche Ziele aber umzusetzen braucht man aber auch Jäger die die nötige Geduld haben. Bei Pachtverträgen mit neunjähriger Laufzeit ein schwieriges Unterfangen. Und der Gast von der Direktion hält den Spatz (in Form eines achtjährigen 14-Enders) auch lieber in der Hand, als dass er leer heimfährt.

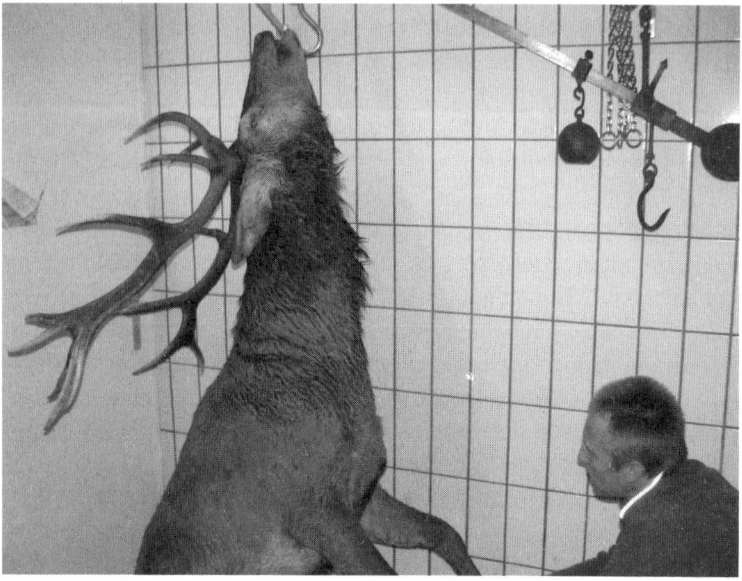

Ca. 10-jähriger Brunfthirsch.

Die Einsicht zur Vereinfachung der Abschussrichtlinien kam zum Ende der Reduktion, Mitte der 90er Jahre. Immer weniger konnte die Abschussvorgabe mit der Abschusserfüllung in Einklang gebracht werden und so langsam dämmerte es auch dem eifrigsten Verfechter der These „Wald vor Wild“, dass der Wald längst die Oberhand gewonnen hatte.

Positiver Nebeneffekt der Rotwilddünne, Schälschäden waren keine mehr vorhanden, man hatte den Rotwildstand so drastisch reduziert, dass das sogenannte „Waldbau verträgliche Maß“ mehr als erreicht war. Selbst im Inneren des Rotwildgebiets Nördlicher Schwarzwald musste man an vielen Orten das Rotwild mit der Lupe suchen. Über 50% des behördlich ausgewiesenen Gebiets war vollkommen Rotwild-leer. Tendenz zunehmend.

Plötzlich kamen aber unvorhergesehene und keinesfalls geplante Arbeitsbeschaffungsmaßnahmen auf die Waldwirtschaft in ganz Europa zu – Stürme!

Wiebke, Vivian und Lothar machten binnen Minuten das zunichte für das Generation von Förstern gearbeitet hatten.

Am schlimmsten wütete Lothar, riesige Holzmengen lagen auf dem Boden und mussten schnellstmöglich aufgearbeitet werden.

Dazu kam, dass derartige Holzmengen natürlich die Erlöse auf die Bodendecke des Kellers fallen ließen.

Manche waldbesitzende Gemeinde hatte statt Gewinnen aus dem Waldbesitz, so wenig Einnahmen, dass die Aufarbeitung mehr kostete als damit zu erlösen war. Frustrierende Aussichten, am Besten sich für einen Apfel und ein Ei von dem lästig werdenden Waldbesitz trennen!

Dem Kurgast oder Urlauber zeigten sich ganz neue Aussichten im Schwarzwald. Es boten sich Ausblicke, wo der Stängeles Wald ein Jahr zuvor nicht einmal den kleinsten Einblick gewährt hatte.

Auch dem Rotwild an der Spitze der Nahrungskette im Ökosystem kam dies recht. Eine riesige Menge von Schlagäsung von Pionierpflanzen wuchs ihm quasi in den Äser, auch Rehe und das Auerwild waren im Schlaraffenland.

Nun zeigt es sich immer wieder, dass eine derartige Verbesserung des Nahrungsangebots in erster Linie den noch nicht ausgewachsenen jüngeren Stücken zugute kommt. Die verbesserte Kondition wirkt sich auf das Wildbretgewicht und auf die Geweihbildung aus.

In Baiersbronn im Landkreis Freudenstadt findet einmal im Jahr die Geweihschau als Pflichttrophäenschau für das ganze Rotwildgebiet Nördlicher Schwarzwald statt.

Hier werden nun nach Altersklassen getrennt die erlegten Hirsche gezeigt. Die Hirsche der Klasse I bekommen das größte Interesse, werden ausgepunktet und besprochen.

Den geringeren Hirschen in der Klasse III, die seit Jahrzehnten das Groß der erlegten Hirsche ausmachen, schenkt man leider viel zu wenig Beachtung. Es sei denn, ein nach vorherrschender Lehrmeinung besonders gut veranlagter Hirsch kam zur Strecke, dann werden dem Erleger gerne unter vorgehaltener Hand Vorwürfe gemacht. Da aber die Gene zur Geweihbildung sich auf Hirsche und Kahlwild gleichermaßen verteilen und Jägern, die ausgewachsenen starke Alttiere auf der Drückjagd vor dem Kalb wegschießen, öffentlich keine Ermahnung droht, sollte man derartigen Diskussionen wenig Aufmerksamkeit schenken.

Man verlangt von den jüngeren Hirschen bis zum 4. Lebensjahr viel zu viel, sie haben den größten Teil ihres Lebens noch vor sich. Der starke regulierende Eingriff in dieser Altersklasse verhindert das Heranreifen der Hirsche in der Klasse I.

Dabei können mittelalte Hirsche viel besser selektiert werden und das Geweih gibt auch schon ordentlich was her.

Das Fatale an der Situation im Nordschwarzwald mit Abschüssen von 80% in der Klasse III.

In dieser werden die Rotspießer und die Hirsche vom 2. und 3. Kopf zusammengefasst. Die erlegten Hirsche in dieser Klasse spiegeln das gesamte mögliche Erscheinungsbild nach dem Erkennungskriterium „Geweih“ wieder.

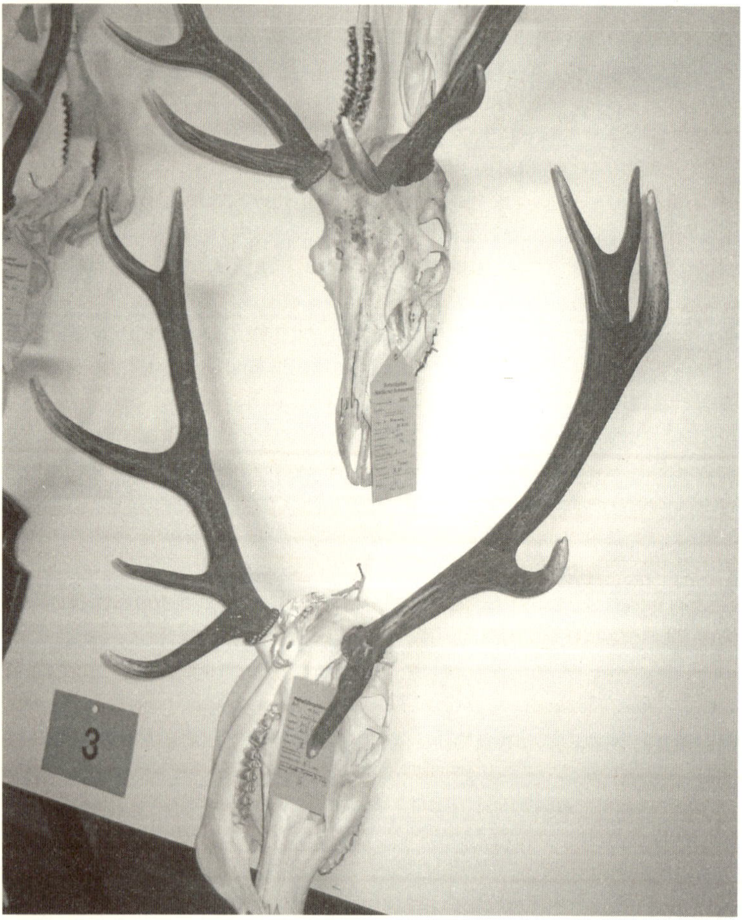

Einseitiger hervorragend veranlagter Kronenzehner vom 3. Kopf. Nach den neuen Richtlinien richtig geschossen. Ein jahrelanger zu starker Eingriff in dieser Klasse, lässt zu wenig Hirsche in die Altersklasse wachsen.

Das heißt im Klartext es werden diejenigen Spießer, Sechser oder Achter am Häufigsten erlegt, die das durchschnittliche Erscheinungsbild des jeweiligen Jahrgangs zeigen. Ausrutscher nach oben oder nach unten spielen eine völlig untergeordnete Rolle.

Der richtige Ansatz bei den IIer Hirschen, die Einteilung nach A und B wegzulassen, verpuffte als in dieser Altersklasse ein zu hoher Eingriff erfolgte, und man bestens veranlagte Hirsche völlig legal dem Abschussplan entsprechend erlegen konnte.

Das Rotwild wurde ab 1978 drastisch reduziert, so dass der Bestand zu Ende der 90er Jahre seinen Tiefstand erreichte. So profitierte ein sehr niedriger Rotwildbestand von der natürlichen Verbesserung des Nahrungsangebotes, das mit dem Einsetzen der ersten großflächigen Windwürfe einherging. Des Weiteren wurde 1996 in allen Hegegemeinschaften des Nordschwarzwaldes vereinbart, die Kronenhirsche für drei Jahre zu sperren. Da Hirsche erst ab dem 12. Kopf den Höhepunkt in der Geweihentwicklung erreichen, konnten die Resultate erst Jahre später bewundert werden.

Und die konnten sich im Jahr 2005, dem 50. Geburtstag der Rotwildhegeschau Nördlicher Schwarzwald sehen lassen, nie wurden stärkere und reifere Hirsche erlegt.

14 Einser Hirsche, davon drei vom 12. Kopf, fünf vom 13. Kopf und drei Hirsche vom 14. Kopf wurden gezeigt. An der absoluten Spitze der neue Landesrekord aus freier Wildbahn, der Jahrhunderthirsch ein 22-Ender mit 215,5 CIC-Punkten (inoffizielle Messung).

Leider wurde es versäumt, den Hirsch durch die Kommission des CIC offiziell vermessen zu lassen, sodass die ermittelte Punktzahl in Baiersbronn mit entsprechender Vorsicht zu bewerten ist.

Die dortige Kommission der Bewerter, hält es seit Jahren nicht für nötig die ausgestellten und bewerteten Hirsche mit einem Messprotokoll zu versehen, wie es sich eigentlich international gehört, und so muss der Erleger die Punktzahl seines Hirsches als von Gott gegeben hinnehmen. Denn eine Kontrolle, auch bei augenscheinlichen Messfehlern, bei schwer zu bewertenden Hirschen ohne Protokoll ist nicht möglich.

Die Hirsche hier im Nordschwarzwald sind endenfreudige Berghirsche mit starker Mähnenbildung und rötlicher Decke.

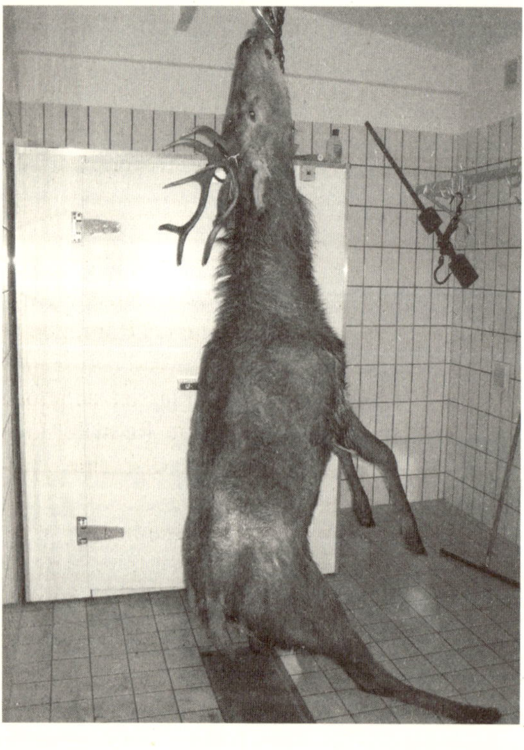

Gerade Achter vom 2. Kopf, erlegt im Januar. Noch sehr stark im Wildbret. Auch in der Winterdecke dominiert die rötliche Farbe. Über die Notwendigkeit der Erlegung kann man streiten.

Von einer besonderen Standortrasse zu sprechen, ist unsinnig, da der Schwarzwald früher über Fernwechsel mit dem Rotwild in den Vogesen und dem Voralpenland Verbindung gehabt hat. Das lässt sich ohne Weiteres nachweisen. Heute sind ihm die Wege verbaut. Verbindungen mit dem aus einem Gatter stammenden und 1945 in Freiheit gelangten Rotwild (es soll von einem NS-Funktionär aus Rominten herbeigeschafft worden sein) im südlichen Schwarzwald wären zwar wünschenswert, tradierende Wechsel lassen sich aber nicht belegen. Dabei dürfte die Population des Nordschwarzwalds aufgrund ihres lange nachgewiesenen Bestehens einer der größten Genpoole der Rotwildgebiete der Bundesrepublik haben. Untersuchungen dazu gibt es nicht.

Zu Beginn der 70er Jahre des vergangenen Jahrhunderts gab es in Göttingen eine Untersuchung der Blutgruppen des Rotwildes der Rotwildgebiete der alten Bundesrepublik.

Dazu wurden 3 Jahre lang Blutproben gesammelt. Biochemische Untersuchungen erlaubten damals einzelne Gene einer Rotwildpopulation zu identifizieren und deren Häufigkeit zu bestimmen. So wurden 400 Proben aus 15 verschiedenen Rotwildgebieten analysiert. Weit voneinander getrennte Populationen wiesen gesicherte Unterschiede auf. Die größte Bandbreite stellte man beim Rotwild des Alpenraums fest, und da der Schwarzwald mit dem Alpenvorland Verbindung hatte, könnte dies, wenn auch eingeschränkt, Geltung haben. Von degeneriert keine Spur!

So kommen bei den Schwarzwaldhirschen die ganze Bandbreite der Kronenformen vor. Rechnet man die Punktzahlen der Spitzenhirsche in Nadler-Punkte um, so stehen sie Kaiserhirschen aus Rominten in nichts nach.

Erste Anzeichen des Umdenkens beim Rotwild lassen sich auch bei der Forstverwaltung erkennen, wenn auch beim Rehwild noch andauernd die ausgeleierte und längst überholte Gebetsmühle „Verbiss“ geradezu inbrünstig gedreht wird.

Zuerst waren es pensionierte Beamte, die die Mitarbeit im Landesjagdverband für sich neu entdeckten. Nach dem Motto „aus einem Saulus wird ein Paulus“ und von der Last des Amtes befreit, vertrat man nun Ansichten zur Rotwildhege, die man sich Jahre zuvor der Karriere wegen verkniffen hätte.

Gut jagdbarer Schwarzwälder Rothirsch.

Eissprossenzehner 10. Kopf, begehrenswerter Abschusshirsch.

Jagdbarer Hirsch aus Besenfeld, erlegt von Florian Sackmann.

Gerader 14-Ender vom 14. Kopf, rechts Schaufelkrone, links Fächerkrone, Augsprossenlänge Links 49 cm, Schaufelbreite rechts 48cm, Rosenumfang 27 cm.

Wuchtiger Achtzehnender mit Leistenbildung der Stangen.

Passtangen eines 12-jährigen ungeraden 16 Enders.

Abwurfstangen 3. und 4. Kopf, entsprechen Geweihgewichten 3,8 und 4,5 kg!

Basthirsch Ende April.

Die Neuordnung der jagdlichen Gedankenwelt beschränkte sich nicht nur auf Pensionäre, auch Forstbeamte aus dem aktiven Dienst machten sich Gedanken. Diese veröffentlichte man im Mitteilungsblatt des LJV, dem „Jäger“:

Es gibt unbestreitbar einen sehr engen Zusammenhang zwischen Waldbau und Wildschaden. Die waldbauliche Konsequenz aus dieser Beobachtung bedeutet, im Einstandsgebiet bei planmäßiger Verjüngung keine gleichförmigen Jungbestände anzustreben. Belassen der Weichhölzer sowie frühe, starke Pflegeeingriffe die bewirken, dass zu keinem Zeitpunkt eine Dichtschlussphase eintritt und somit ständig Grünäsung vorhanden ist. Eventuelle höhere Pflegekosten werden mit Sicherheit dadurch ausgeglichen, dass als Folge der stärkeren Eingriffe betriebswirtschaftliche negative Sortimente bei der nachfolgenden Erstdurchforstung vermieden werden. Dem Waldbesitz entsteht also kein finanzieller Verlust.

Außerdem kann voraussichtlich auf den Schälschutz verzichtet werden.

Dieser Einsicht folgen auch Ratschläge zur Jagd:

Die Hauptursache für die ungleiche Verteilung des Rotwilds im Nordschwarzwald dürfte in der massiven Kirrung und Fütterung in den Einstandsgebieten liegen, die natürliche Wanderbewegung und damit eine bessere Verteilung verhindert und darüber hinaus unnötige Schäden provoziert. Das Wanderverhalten ließ sich anregen einerseits durch Einschränkung bei der Kirrung und Fütterung, nötigenfalls auch durch Beunruhigung, und andererseits durch anfängliche jagdliche Ruhe in neuen, äsungsattraktiven Bereichen. Eine Freigabe von Rotspießern und Schmaltieren würde schon im Mai zu einer spürbaren Verringerung des Jagddrucks führen.

Ein Novum, man gibt öffentlich zu, dass man mit dem Waldbau gescheitert ist.

Die Ratschläge zur Jagd beinhalten indes eine Portion Polemik, denn die Fütterung und Kirrung regelt das Landesjagdgesetz und ihre Durchführungsverordnungen. Sie sind bestehendes Recht. Indem man einseitig und öffentlich bestehendes Recht andauernd in Frage stellt, das heißt im Klartext man versucht durch das Hintertürchen bestehend Gesetze im eigenen Sinne zurechtzubiegen.

Die Erlegung eines Rehbocks in der Schonzeit war mal eine Straftat, bis gewisse Kreise dies als hinderlich in der Jagdausübung erkannten. So wurde aus einer Straftat mit entsprechenden Konsequenzen eine Ordnungswidrigkeit die Beförderungen weit weniger behindert.

Mein Gott sie wurden nur geblitzt!

Wo sind denn die angeblich äsungsattraktiven Bereiche, es gibt doch so gut wie keine einzige Wildwiese im ganzen Schwarzwald die nicht dem Jagdbetrieb dient.

Und die ungleiche Verteilung des Rotwildes ist wie in allen Rotwildgebieten völlig normal, das Wild entscheidet selbst wo es die geeignetsten Lebensbedingungen findet.

Mit der Vorverlegung der Jagdzeit in den Mai ändert man auch nichts, im Gegenteil. Die Vertrautheit geht erst recht verloren.

Man behandelt die Symptome, erkennt aber die Krankheit nicht. Die Natur will keinen Waldbau sondern eine Vielfalt an Pflanzen und Tieren in allen Lebensbereichen. Wenn wir ihn trotzdem betreiben ist das legitim, wir müssen aber auch die Konsequenzen daraus tragen.

Der Waldbau darf sich nicht nur der botanischen Marschrichtung mit Endziel Profit unterwerfen, und die zoologische Bedeutung ignorieren. Das Wanderverhalten von Rotwild in seinem Lebensraum, das heißt hier im Rotwildgebiet Nördlicher Schwarzwald, unterliegt in großem Maße Zwängen, es ist durch Verkehrswege und Siedlungen in der Wanderung erheblich eingeschränkt. Mitte der 50er Jahre gab es Rotwild im heutigen Enzkreis in der Stadt Neuenbürg und in der Gemeinde Birkenfeld unmittelbar vor der Goldstadt Pforzheim, es zog bis vor die Tore der Stadt Ettlingen. Heute sind die Wege dorthin längst verbaut, es ist kein Platz mehr für das Wappentier im Ballungsraum.

Kapitalhirsch vom Wildbader Meistern.

Für den Schwarzwald typische Fingerkrone, eines 11-jährigen Kronenzehners.

Feisthirsch 2009 vom Wildbader Sommerberg.

Der Jahrhundert Hirsch

Der Enkel von Herbert Richter hat Mühe die 9 kg Geweih zu halten.

Der 25. August 2004 dürfte sich markant im Gedächtnis des passionierten Jägers Herbert Richter aus Engelsbrand bei Pforzheim eingeprägt haben.

Herbert Richter, der sich am 02.05.1956 mit wenig Geld in einer Garage im Hinterhof eines Hauses in Bad Wildbad selbstständig gemacht hat, führte mit unternehmerischem Geschick und innovativen Ideen rund ums Automobil seine Firma zum erfolgreich operierenden Internationalen Global Player, produziert wird ausschließlich in Deutschland, in Büchenbronn in der Nähe der Schmuckstadt Pforzheim. Viele Millionen KFZ auf der ganzen Welt sind mit patentrechtlich geschützten Produkten aus dem Hause Richter ausgestattet.

Richter ist ein Unternehmer mit sozialem Gewissen, Mitglied in unzähligen Vereinen, Mäzen und Kunstförderer, engagiert sich in der Otto von Bismarck Stiftung und Kriegsgräberfürsorge.

Ganz besonders liegt ihm die deutsch-französische Freundschaft am Herzen, dafür wurde er vom französischen Staatspräsidenten Jacques Chirac zum Offizier „Croix d'officier de l'ordre national du mèrite“ ernannt.

Seit über 50 Jahren geht Herbert Richter auf die Jagd.

Kurz vor seinem 70. Geburtstag jagte er zu Pferde im Hochgebirge Kasachstans und erlegte zwei kapitale Steinböcke, einen Bären und nach halsbrecherischem Ritt von 27 Kilometern im Steilgelände einen kapitalen Maral mit über 14 Kilo. Herbert Richter ist nie zuvor in seinem Leben jemals geritten, geschweige denn mit den Besonderheiten von Pferden vertraut gewesen. Auf Hirsche hatte er in den Donauauen im ehemaligen Jugoslawien und in Ungarn geweidwerkt.

Doch wie viele Jäger hegte er seit langem den sehnlichen Wunsch, einmal einen Geweihten aus den heimischen Wäldern des Schwarzwald zu erlegen und stellte dafür einen Antrag für einen Hirsch der Klasse I bei der Forstdirektion in Freiburg. Ein Vorhaben mit ungewissem Ausgang, das viele Nimrode vor ihm, wie wir bereits erfahren haben, gewagt haben. Mit Ende der Kronenhirschsperre im Jahr 2000 hatte sich die Situation bei den jagdbaren Hirschen entspannt, der Jagdgast der in ein Rotwildforstamt eingewiesen wurde, konnte sich berechtigte Hoffnungen machen. Ganze 10 Hirsche der Klasse I werden durchschnittlich im Bereich der Forstdirektion vorwiegend von zahlenden Gästen pro Jahr erlegt.

Mehr gibt die Struktur der Rotwildbestände im Bereich der Forstdirektion nicht her. Die Regelung eine Klasse nach oben oder nach unten ist dem zahlenden Hirschjäger nach wie vor zuträglich, und so kam anstatt des IIb auch mal ein Uralthirsch der Klasse I des Öfteren zur Strecke.

So nahte der 1. August und die Hirschjagd war offen, der 8-fache Feldstecher, der schwere Repetierer im Kaliber 8 x 68 S nebst den restlichen 7 Sachen im Wagen verstaut, und ab ging's ins Rotwild-Revier.

Der erste Ansitz begann hoffnungsvoll und endete frustrierend, kein Anblick.

Neuer Tag, neues Glück! Wieder nichts. So reihte sich Jagdtag an Jagdtag ohne, dass ein jagdbarer Hirsch in Anblick kommt.

Am Abend des 21. August sitzen Revierleiter Georg Glöckler und Herbert Richter auf Beobachtungsposten an einer Wildwiese im Vorderen Eiberg, nicht ahnend, dass ein pensionierter Kollege von Glöckler in 2,5 Kilometer Luftlinie Entfernung in einer am Eyachhang liegenden Abteilung der Pachtjagd von Dennach, auf einer Kanzel Lauerstellung bezogen hat.

Bereits Mitte Juni war diese Abteilung zum magischsten Platz im ganzen Rotwildgebiet Nördlicher Schwarzwald geworden.

Seit seiner Pensionierung betreute Förster S. die kleine Pachtjagd. Hier und da ein paar Rehe sofern sie nicht alle im Staatsforst auf der Treibjagd verschwinden, ein paar Füchse und immer wieder auf den Gemeindefeldern zu Schaden gehende Sauen bieten, wenn auch nicht besonders aufregende, jagdliche Abwechslung.

Was ihm zu Beginn der Feistzeit kurz in Anblick kam war so unglaublich, dass er sich das Motto der drei Affen zu Herzen nahm: Nichts hören, nichts sehen und vor allen Dingen, niemandem etwas davon sagen!

Die kleine Gemeindejagd gehört zum Rotwildgebiet des Nördlichen Schwarzwaldes im Landkreis Calw, Hirsche aller Klassen sind in der Gruppe bis zur Erlegung frei also somit auch für die betreute Pachtjagd. So hatte S. viel Zeit in Ansitze investiert, ohne den Hirsch noch einmal zu Gesicht, besser gesagt vor die Büchse zu bekommen, denn „der Feisthirsch ist ein Nachtgespenst, den du niemals und niemals kennst!“

Nur der Rotwildjäger kann sich ausmalen was die quälende Ungewissheit zwischen Hoffen und Bangen bedeutet, die den Jäger bei jedem Ansitz auf einen bestätigten Hirsch beschleicht, denn allzuoft wird die Rechnung ohne den Hirsch gemacht.

Was hat so ein alter Hirsch in seinem Leben nicht alles erlebt, gesetzt von einem starken Alttier im Mai 1990 wurden die ersten Jahre seines Lebens gleich zu den allergefährlichsten.

Er wusste nichts davon, nichts ahnend seiner Mutter, dem erfahren Alttier blind vertrauend, lernte er die geheimen Wechsel kennen, die sicher vor allen Gefahren zu den Einständen und zur Äsung führen. Denn die ganze Mutterliebe des Alttieres gilt ihrem Kalb.

Er traf vielleicht zur Mitte des Sommers neugierig auf seine Schwester, die sich stets unsichtbar für ihn in der Nähe aufgehalten hatte. Nun zogen sie wieder gemeinsam vereint im Familienverband, manchmal mit Cousine und Tante ab, zu mit einem seiner älteren Brüder, an den Hangkanten der Bergrücken entlang, um in ein Tal hinab zu wechseln und dort das erste Grün des Frühjahrs entlang der Bäche zu äsen.

Irgendwann kam der Tag der Selbstständigkeit, er hatte genug gelernt. Vor allen Dingen vorsichtig zu sein, wenn der Hunger noch so quälte. Dem verlockenden Duft süßer Äpfel nicht blindlings zu folgen, die man nie im dichten Bestand, sondern nur im Hellen liegend vorfindet. Seine Mutter hatte es ihm mit auf den Weg gegeben, traue niemanden, sei vorsichtig, warte und vertraue immer dem Wind.

Hier und da hatte er sich ein paar älteren Hirschen angeschlossen, und viel von der umliegenden Gegend gesehen. Wann und wo man sich am besten den Pansen mit gehaltvoller kraftspendender Äsung füllt und wo man ungestört ruht und wiederkäut.

Denn Ruhe herrschte nicht immer, manchmal bei einsetzender Kälte und Schneefall ging es auf einmal sehr laut zu im Wald, kläffende Hunde verfolgten ihn und lautes Rufen und Krachen erfüllte den Wald. Mit den Jahren kannte er sich aus und konnte sich unerkannt davonstehlen und verstecken, im immer undurchdringlicher werdenden Bestand, hierher wagten sich nicht die Hunde, denn umgestürzte Baumriesen und Millionen mit Himbeer- und Brombeersträuchern überwucherter Äste versperrten ihren kurzen Beinen den Weg.

Sobald er im Frühjahr sein Geweih abgeworfen hatte, und das Neue immer stärker werdend zu schieben begann, begab er sich dort hin. Alles was er über die Sommermonate brauchte, Ruhe, Sonne und Äsung, hatte er im Überfluss.

So vergingen die Jahre, bis das Leben schwerer zu werden schien, mehrfach wurde er in der Brunft von gleichstarken Hirschen bedrängt, mancher Kampf ging nicht spurlos an ihm vorbei, so dass für ihn nur noch die Ruhe und Einsamkeit erträglich waren. Weitab von der Heimat hatte er sich in einer kleinen undurchdringlichen Wildnis eingestellt, um Ruhe zu finden, Äsung und Deckung gab es auch dort.

Doch heute sollte sich alles ändern, in der Dämmerung des 21. August 2004, als er nach langem Sichern auf die Wildwiese am Vorderen Eiberg austrat.

Zu unruhig war es dem Hirsch in Dennach geworden, sodass er den Hang hinunter über die Eyach in den Vorderen Eiberg gewechselt ist. Eine trügerische Ruhe, denn er wurde von Revierförster Glöckler ganz kurz gesehen.

Glöckler war sich nicht ganz sicher was er über eine Rückeschneise im Bestand hat wechseln sehen, gefühlsmäßig tippte er auf einen Geweihten.

2 Tage später, am 11. Tag der Jagd, warteten Herbert Richter und Revierförster Glöckler bei günstigem Wind erneut auf den vermeintlich gesehenen Hirsch.

Lange tat sich überhaupt nichts. Eine angespannte innere Unruhe ließ die Jäger immer wieder zum Glas greifen, um den Bestand auf etwas Verdächtiges abzuleuchten. Langsam setzte die Dämmerung ein, da trat der Gesuchte urplötzlich und fast geräuschlos aus dem dichten Bestand und zog langsam äsend in den Rand der Wildwiese ein. Herbert Richter stockte der Atem, es ging ihm durch Mark und Bein, ja einen Hirsch der Klasse I hatte er sich ersehnt, nie aber, nicht einmal in sein kühnsten Träumen, einen so riesigen kapitalen Giganten mit armdicken geperlten Stangen, gegabelten Mittelsprossen und wuchtiger 8-endiger Becherkrone erwartet.

Revierleiter Glöckler nahm zentimeterweise sein Glas vor die Augen. Und beobachtete den diagonal über die Wildwiese ziehenden Hirsch. Dann sagte er ruhig: „Schießen!“

Urplötzlich ist er da, der Moment der Jagd.

Richter reißt sich zusammen, das Absehen steht kurz vor dem Blatt des mit gesenkten Haupt leicht schräg stehenden Hirschs, und mit einem Peitschenknall zerreißt ein Schuss die Stille der Dämmerung und lässt den Recken blitzartig in der Fährte zusammenbrechen während sich das widerhallende Donnern der 8 x 68S am Gegenhang bricht.

Nach kurzer Wartezeit gehen beide zu dem von der deutschen Artillerie gefällten Recken, unfassbar was da vor den beiden am Boden liegt, ein ungerader 22-Ender mit Becherkronen und 30 cm Rosenumfang und 9-Kilo Geweihgewicht, der stärkste Rothirsch des Schwarzwalds der letzten 300 Jahre.

Der Moment der Euphorie und des Glücks für Richter und Glöckler, für Förster S. ein niederschmetternder und ebenso frustrierender, als er am Samstagmorgen von der Nachricht der Erlegung in der Pforzheimer Zeitung liest. So sind sie eben, die Launen der Göttin Diana. Des einen flehentliches Bitten erhört sie nicht, um über dem Ahnungslosen ihr Füllhorn ohne Ankündigung überreich auszuschütten.

Schnell verbreitet sich die Kunde von der Erlegung des Kapitalhirsches. Von nah und fern reisen Hirschjäger an, um den Hirsch in der Wildkammer des Forstamts zu bestaunen.

Von „sensationell!" bis „ich mag es nicht glauben", gehen die Kommentare oder ist es vielleicht ein entlaufener Gatterhirsch?

Die Abwürfe vom Jahr zuvor aus einem angrenzenden Revier widerlegen das Gerücht. Dem der Neid allzu gern den Nährboden bereitet.

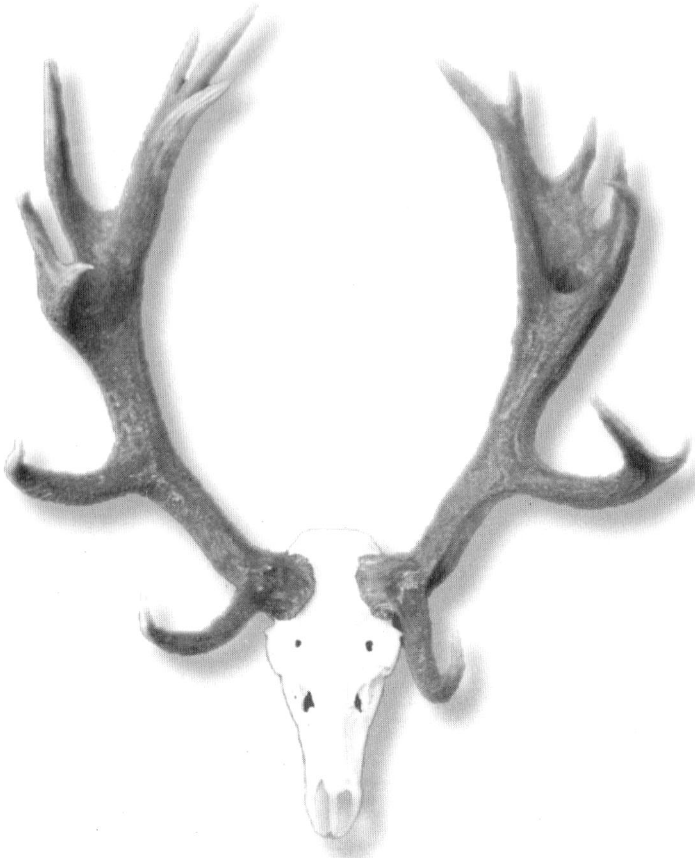

Der stärkste Hirsch aus freier Wildbahn- der Jahrhundert-hirsch der stärkste Berghirsch Deutschlands.

Heute kann jeder der es wünscht den Jahrhunderthirsch bestaunen, als Kopfträgerpräparat ausgestellt in der Gaststube des Hotels Sonne in Calmbach.

Immer wieder muss Herbert Richter in den wenigen stillen Minuten die er für sich hat, an die Erlegung seines Jahrhunderthirsches denken. Und daran, wie oft er in seinem Leben dem Jagen aus Zeitgründen für die Firma entsagen musste. Dann greift er zu dem Foto mit dem Hirsch in seiner Brieftasche, das er stets mit sich trägt und spürt ihn nun wieder, den kurzen Moment der vollkommenen Zufriedenheit und des Glücks, ihn kann man nicht kaufen, auch nicht für alles Geld der Welt!

Gatterhirsch aus dem Schönbuch, Sesamkuchen gefüttert erlegt 1977.

Moderne Zeiten oder: Nichts bleibt so wie es ist und wie es war

Das Infozentrum am Kaltenbronn 2009, früher diente es dem Amtsvorsteher des Forstamts Kaltenbronn als zweiter Dienstsitz. Walter Frevert war oft und gerne hier.

Mittlerweile liebe Leser sind wir endgültig im neuen Jahrtausend angekommen und diese Chronik neigt sich nun langsam aber sicher dem Ende zu, das bedeutet aber nicht, dass es im letzten Kapitel nichts mehr zu erzählen gibt, ganz im Gegenteil.

Im Mai 2005 trafen sich die Jäger des Landesjagdverbands Baden-Württemberg in Baiersbronn bei Freudenstadt, um den Landesjägertag und turnusgemäß Wahlen abzuhalten. Angetreten war der alte Landesjägermeister Alfred Hubertus Neuhaus der eine Dekade über 24 Jahre die Geschicke des LJV fast im Alleingang geleitet hatte. Er fühlte sich mit fast 75 Jahren immer noch fit genug den Landesjagdverband Baden-Württemberg noch einmal für weitere 4 Jahre zu führen. Alfred Hubertus Neuhaus war zusätzlich während seiner Amtszeit als Landesjägermeister von 1951–1998, fast ein halbes Jahrhundert lang Geschäftsführer der Rotwildjäger im Odenwald und somit ein profunder Kenner des Rotwilds in Baden-Württemberg. Er publizierte im Lauf der Jahre viele hervorragende Fachartikel über die Hege und Bejagung des Rotwildes, in der „Pirsch" und in der „Wild und Hund".

Auch das Rehwild von Raesfeld wurde von ihm in einer modernen Neufassung überarbeitet. Neuhaus, im wirtschaftlichen Leben ein Tabakwarenhändler, war nicht nur oberster und erster Jäger des Landes, sondern auch ein hervorragender und leidenschaftlicher Sammler. Diese Sammelleidenschaft brachte ihn im Jahr 1990 in große Bedrängnis, denn die Staatsanwaltschaft Stuttgart interessierte sich auf einmal dafür und nahm ihn ins Visier. Neuhaus war neben seinem Landesjägermeisteramt auch für einige Zeit Schatzmeister der Landes CDU Baden-Württemberg. In den Jahren von 1971–1979 soll er den Staat um große Geldsummen zu Gunsten der Partei betrogen haben, eine in allen alten Bundesländern der BRD damals angeblich übliche Praxis.

Legendär, die unverfrorenen Bettelbriefe die Neuhaus im Namen der CDU an Firmen wie Henkel, Bosch, Kukident, IBM, Zeiss, Birkel, Bleyle und jede Menge Banken verschickte. Mit den Vereinen „Gesellschaft zur wirtschaftlichen Förderung Baden-Württembergs" und „Verband der Wirtschaft Baden-Württembergs zur Bildung neuen Eigentums e.V." soll er perfekte Geldwäsche betrieben haben, die aber nicht nur Neuhaus ins Visier der Staatsanwaltschaft gebracht haben, sondern auch spendenwillige Unternehmer und die ehemaligen Ministerpräsidenten Filbinger, dem seine NS-Zeit politisch das Genick brach, und seinem Zögling Lothar Späth, den später sein nicht gerade zimperlicher Umgang mit Moneten, Einladungen und Privatreisen zum erfolgreichen Sanierer und Retter von Carl Zeiss, Jena machten. Alles in allem die Miniaturkopie des Flick-Skandals im Ländle. Heute, in Zeiten der globalen Wirtschaftskrise kein großer Aufreger mehr, es zeigt jedoch wie man selbst solche Krisen völlig unbeschadet überleben kann, denn unser Herrgott hat bei der Erschaffung des Menschen darauf geachtet, dass dieser vor allen Dingen eines beherrscht, nämlich das Vergessen. Schon der Schriftsteller Honoré de Balzac sagte einst treffend: Erinnerungen verschönern das Leben, aber das Vergessen allein macht es erträglich.

Infozentrum Show mit Chrom-Stahl-Holz und ausgestopften Auerhähne für jedermann.

Nach überstandener Parteispenden-Krise konnte sich Neuhaus nun voll auf sein Landesjägermeisteramt konzentrieren. Er reiste gern und viel, das war auch dringend notwendig, denn auf der Arabischen Halbinsel bei den Ölscheichs hatte noch kein Beduine von den Vorzügen von Rehbraten mit Spätzle und Württemberger Wein gehört. Der Württemberger Wein, oder war es der Badische? Auf jeden Fall nicht nur das Leeren einer Flasche dieses edlen Getränks soll auch der Auslöser zur Initialzündung zum Erwerb, Gründung und Ausbau der Landesjagdschule auf dem Dornsberg, einem Gelände samt halb verfallener Bruchbude des Grafen Douglas am Bodensee gewesen sein. Nicht alle Jäger im Ländle waren mit einer derartigen Entscheidung im Alleingang einverstanden und so wurde, nachdem die Aktion ruchbar wurde, Neuhaus am 17. Dezember 1998 ganz sanft in das Studio des SWR gebeten, um zu den Vorwürfen der Filz- und Vetternwirtschaft beim Erwerb des Geländes auf dem Dornsberg Stellung zu nehmen. Für den medienerfahrenen Neuhaus überhaupt kein Problem, schließlich hatte er einen fähigen Schatzmeister und einen gewieften Rechtsanwalt als stellvertretenden Landesjägermeister an seiner Seite, die durften dann hinter den Kulissen die Probleme aus dem Weg räumen. Lieber legte er sich mit dem NABU Vorsitzenden an, dabei zog er aber den Kürzeren und die Jäger im Land verstanden die Welt nicht mehr, als ihnen als Dank dieses Streits eine neue Fütterungs- und Kirrungsverordnung aufgebrummt wurde, wo die Haferkörner einzeln durchzunummerieren und zu zählen waren, bevor man sie dem Apfeltrester beimischte.

So braute sich ein Gewitter im schönen Baiersbronn über Neuhaus zusammen, ohne dass der etwas davon bemerkte. Vielleicht war er nach einer derartig langen Amtszeit gar nicht mehr in der Lage dazu, und merkte nicht mehr wie schnell sich seine Umwelt veränderte und schnauzte deshalb weiter gerne Untergebene auf der Geschäftsstelle, die die eigentliche tagtägliche Arbeit des Landesjagdverbandes machten, nach Gutdünken und Laune an, wann immer es ihm beliebte und verhielt sich auch sonst zunehmend am Ende seiner Amtszeit wie Sonnenkönig Louis der 14., nach dem Motto: „warum soll man aufhören, es ist doch gerade am schönsten", stellte er sich siegessicher zur Wiederwahl auf.

Um es kurz zu machen, Neuhaus wurde abgewählt und fühlte sich nun auf einmal wie Ludwig der 16., endete zwar nicht auf der Guillotine, dafür auf dem einsamen Abstellgleis des Entmachteten, dazu verdammt für immer in der Bedeutungslosigkeit zu versinken.

Wer jetzt meint der Landesjagdverband Baden-Württemberg wäre ein besonders skandalträchtiger Verband, der irrt und schaue dafür mal hinüber zu den Bayern, den wahren Meistern der jagdlichen Daily Soap im Komödienstadl am Königlich Bayrischen Amtsgericht.

Undank ist der Welt Lohn – Es gibt aber viele Möglichkeiten, dankbar zu sein!

Mit einer besonderen Form der Würdigung bedankte sich einmal ein gerade frisch promovierter Absolvent der Forstwissenschaften in Baden-Württemberg. Er bedankte sich in der Einleitung zu seiner Doktorarbeit bei der Jagdabgabe, Sie haben richtig gelesen: bei der J a g d a b g a b e, nicht etwa bei denen, die die Jagdabgabe bezahlen. Warum auch, Hauptsache man kommt an das Geld und mit dem lässt es sich munter drauflos forschen, wie wir seit dem Waldsterben wissen und was am Ende rauskommt müssen ja die auslöffeln, die die Jagdabgabe bezahlen.

Ob man jetzt so ein Verhalten als unverschämt bezeichnen soll, bleibt jedem selbst überlassen, es macht nur den Unterschied zwischen denen überdeutlich klar, die die Jagdabgabe bezahlen und denen die jagen und keine bezahlen, zwischen Förstern und Jägern.

Undankbar wurde auch eine Wildart der man im Nord-Schwarzwald in den letzten 35 Jahren wenig Aufmerksamkeit geschenkt hatte: die Sauen. Mitte der 80er Jahre bei Förstern und Jägern hoch willkommen. Mit den ersten Stürmen verbesserte sich das Nahrungsangebot und die Strecken stiegen sehr langsam aber kontinuierlich an. Endlich eine Wildart auf die man guten Gewissens jagen konnte, da es die Unsitte des Schalenwilds, Triebe zu verbeißen, nicht kannte. Dafür lockerte es den versauerten Waldboden durch stetige Wühlarbeit auf, belüftete ihn und vertilgte dabei noch Engerlinge und anderes Getier das an den Wurzeln der kostbaren Bäume knabberte.

Das optimale Wild für den Forstmann und Waldjagdpächter, das ohne Nebenerscheinungen wie negative forstliche Gutachten etc. gehegt werden konnte, denn langweilig ist ja schon 50-mal auf ein Stück Rehwild anzusitzen.

Fiel im Supermarkt die Kühlstraße aus und der Förster kaufte gerade ein, war dies kein Problem: sofort waren ein paar Waldarbeiter samt geländegängigen Transporter da, die all die angetauten Hühnerschlegel, 5 Minuten Baguettes, Pommes und Schwarzwälder Kirschtorten ins Revier karrten, um die Speisereste, sagen wir es so, an der Saukirrung biologisch zu Humus werden zu lassen.

Als der Förster in Pension ging kam ein Neuer, soweit so gut. Er übernahm nicht nur das Revier das es heute so nicht mehr gibt, sondern auch die Waldarbeiter und die helfenden Jagdgäste.

Mit einem helfenden Jagdgast war der junge Beamte vom ersten Tag an gut Freund, denn der hatte eine Bäckerei und wenn er zwei Mal in der Woche zur Jagd kam, brachte er immer eine kleine Kiste mit Apfeltaschen und Puddingplundern etc. mit, die er in den Brennholzschuppen stellte. Zwar waren die nicht ganz frisch, aber der Förster war mit der Tochter eines Kaufmanns verheiratet und das abgelaufene Bier schmeckte hervorragend dazu. Bis es eines Tages einige Bier und Backwaren mehr als sonst waren. In der Nacht wurde ihm übel, mit einem Satz war er aus dem Bett, riss das Fenster auf und erbrach seinen Mageninhalt, der Schwabe sagt er lachte „Bröckele“, in einem Strahl auf die Rosen im Beet vor dem Haus. Als der Bäcker ein paar Tage später wieder seine Gaben mitbrachte und in den Schuppen stellte, sagte ihm der Förster, er und seine Familie hätten in letzter Zeit genug süße Backwaren gegessen und hätten sie über, ob er nicht stattdessen Brot oder Nudeln mitbringen könnte. Da wurde der Bäcker ganz verlegen und meinte, die Backwaren hätte der Vorgänger nie verspeist, die Kisten wären doch immer für die Sauen gewesen.

Baden-Württemberg wurde in dieser Zeit von einem Teufel regiert – von Erwin Teufel, Ministerpräsident von Baden-Württemberg von 1991 bis 2005. Erwin Teufel hatte den Verwaltungsdienst von der Pike auf gelernt und absolvierte, obwohl er nur die Mittlere Reife hatte, die Ausbildung zum höheren Staatsdienst. Die Regierungszeit von Erwin Teufel war wie er selbst ein wenig farblos und damit unspektakulär. Er brachte doch zu Ende seiner Amtszeit 2004 die Verwaltungsreform auf den Weg, welche Fachbehörden wie Vermessungsämter etc. und die Forstbehörde auflöste und in die Verwaltungen der Stadt- und Landkreise und der Regierungspräsidien eingliederte. Diese Verwaltungsreform machte ihn insbesondere bei der Forstverwaltung unbeliebt, was Erwin Teufel wenig bekümmerte. Der Naturschutzbund Deutschlands verlieh Teufel 1999 den negativ Ehrenpreis „Dinosaurier“ für sein mangelndes Engagement in Sachen Naturschutz.

Zitat: „weil er dem Naturschutz persönlich geschadet“ und selbst „einfache Schritte für den Naturschutz verweigere“. Der NABU ärgerte sich deswegen so gewaltig über Teufel, weil der alte Fuchs, der alle Tricks der Verwaltung in- und auswendig kannte, mit einem klitzekleinen Stolperstein die Errichtung des ersten National Parks im Nordschwarzwald verhindert hatte.

Erwin Teufel war schlau genug und wusste, wann er aufhören musste und machte dann Platz, ein wenig widerwillig, weil sein Nachfolger Günther Oettinger nicht nach seinem Gusto war.

Das erste was ein neuer Ministerpräsident zu tun pflegt, ist die Regierung umzustellen oder neuzubilden. Unter Oettinger wurde ein Förster Landwirtschaftsminister, Peter Hauk, jung, dynamisch und stets aus Zeitmangel halb rasiert. Die Forstbeamten jubelten und dachten in kürzester Zeit werde das Rad zurückgedreht und die Hoheit der Forstverwaltung wieder belebt, auch könne er dem Landesjägermeister mal so richtig auf die Füße treten und die Jagd ein für alle Mal in die richtig Richtung drehen.

Hauk trat aber zunächst einmal vor die Presse und rang um Erklärungen. Einer der ersten Skandale hatte ihn erreicht, den jungen aber noch ziemlich unerfahrenen Minister, und der kam ausgerechnet aus den eigenen Reihen!

Die FVA völlig losgelöst von der Erde

Vor lauter Verwaltungsreform hatte man vielleicht vergessen, die forstliche Versuchsanstalt in Freiburg aufzulösen. Bei einem Versuch etwas zu tricksen, kam der Rechnungshof den Forstwissenschaftlern auf die Schliche, ein Steinbock hatte sich mit seinen Hörnern in den Vorschriften der Finanzbehörde verfangen. Sie werden sich jetzt sicher denken, in Baden-Württemberg gibt es doch gar kein Steinwild?

Nun ja zumindest auf dem Papier. Dazu muss man wissen, dass alle öffentlichen Verwaltungen, die direkt Geldmittel zur Auftragsvergabe verwenden können, stets der großen Gefahr des Missbrauchs, der Korruption, der Bestechung und Vetternwirtschaft ausgesetzt sind.

In der FVA sollen es zwei weiß gestrichene Türen, die sich unmittelbar gegenüberlagen, gewesen sein. Hinter der einen saß ein Doktor, der Ausschreibungen gemacht haben soll, hinter der anderen ein Kollege und Inhaber der Firma Ibex, der dann den Auftrag annahm. Man arbeitete quasi Hand in Hand und von Tasche zu Tasche.

Irgendwann flog die Sache auf, der SWR mit einem Fernsehteam stand vor den Förstern und stellte unangenehme Fragen, die taten dann so als wüssten sie nicht, um was es geht und – Sie ahnen es schon – mit vergessen und nicht darüber sprechen verschwand der Skandal so schnell wie er gekommen war wieder aus dem öffentlichen Gedächtnis. Und die Konsequenz für die Verantwortlichen? Selbstverständlich wurde die Firma Ibex aus der FVA rausgeschmissen und aufgelöst, der ehemalige Firmeninhaber konnte sich nun wieder voll auf seine Arbeit als Bediensteter bei der FVA konzentrieren.

Nach dieser kleinen Irritation wurde nun die wildbiologische Forschung gepuscht, und als man einen Luchs im Südschwarzwald fährtete und mit einer Fotofalle bestätigte, waren die Forscher wieder obenauf. Ein Riesenmedienspektakel Land auf Land ab, die Sensation schlechthin. Ein Luchs hatte angeblich den weiten Weg aus der Schweiz in den Südschwarzwald gefunden und würde hier eine Population gründen um, wenn es wieder genügend Luchse gäbe, dann vom Südschwarzwald aus den Nordschwarzwald wieder zu besiedeln. Doch soweit kam es gar nicht. Ein Auto war dem Wanderluchs im Weg und beförderte ihn in die ewigen Jagdgründe.

Die Luchsexperten in der Schweiz und eigentlich alle namhaften Luchsforscher in Europa ebenfalls, konnten es nicht so recht glauben

Auerhahn bei der Bodenbalz.

mit der weiten Wanderung und deuteten dezent auf die Möglichkeit der illegalen Auswilderung hin. Man blieb aber bei der eigenen Forschervariante, sonst würde man ja unglaubwürdig.

Nun ja, bis jetzt haben es die Luchse vorgezogen in der Schweiz zu bleiben, vielleicht liegt es an dem Bankgeheimnis der Eidgenossen oder an sonst irgendwas. Mit dem Luchs im Schwarzwald wird es wohl auf absehbare Zeit nie etwas werden.

Dann entdeckte man das Rotwild wieder, das man nicht nur abschießen, sondern auch erforschen kann. Eine an und für sich lobenswerte Angelegenheit, wenn man das Rotwild im Nördlichen Schwarzwald in die neuen Forschungsarbeiten zur Wanderung und Lebensraumnutzung einbezogen hätte, aber man begnügte sich mit der kleinen Population im Südschwarzwald, die von ein paar Stück Gatterwild abstammt und zum Ende des Krieges in Freiheit gelangte.

Eigentlich kann man darüber nur den Kopf schütteln, aber dem Bürger sind die Hände gebunden und seine Aufgabe beschränkt sich nur darauf, die Geldmittel in irgendeiner Form aufzubringen.

Man hat fast den Eindruck die Forschungsarbeit diene der Planstellenerhaltung, nicht den Wildtieren.

Die Wildschweine fühlen sich „sauwohl" auf den höchsten Höhen im Nördlichen Schwarzwald.

Viel Geld wurde auch für das Auerwild ausgegeben, das kommt nicht von ungefähr, steht das Auerwild doch nicht umsonst auf der Roten Liste. Gab es noch Mitte der 30er Jahre des vergangenen Jahrhunderts 3.800 Stück Auerwild so hat sich der Bestand heute auf 10 % des ehemaligen Bestands verringert. Auerwild hat sehr hohe Lebensraumansprüche an sein Biotop, die sind heute in keinster Weise mehr durch die moderne Forstwirtschaft gegeben.

In einem Aktionsplan versucht man nun dem Förster beizubringen, wie der Wald der Zukunft auszusehen hat, ob dies gelingen wird?

Am besten man fragt die Auerhühner selbst, bevor man wieder einen Wust von Verordnungen und Verboten herausbringt die kontrolliert und überwacht werden müssen. Und wirft vielleicht einmal einen kleinen Blick auf die Pflanzen, die in unendlich vielen Wechselwirkungen zueinander stehen, die Nahrungsketten bilden und eine

Wildart gedeihen lassen, während eine andere still und leise verschwindet.

Zur Ökologie von Adlerfarn und Heidelbeere

Der Adlerfarn ist weit verbreitet. Er gilt als eine der erfolgreichsten Pflanzen. Bei uns kommt er ziemlich häufig in artenarmen Eichen- und Kieferwäldern vor. Seine Standorte reichen von mäßig trockenen bis frisch oder wechselfrischen Böden, die in der Tiefe meist zügig Wasser stauen oder zeitweise stauen. Er ist ein ausgesprochener Tiefwurzler und gedeiht auch im Halbschatten.

Im Schwarzwald ist er an Südhängen bis in 1200 m Höhe anzutreffen.

In den höheren Lagen westlich der Murg ist der Adlerfarn auf fast allen Standorten weitgehend unabhängig von Exposition und Baumartenmischung zu finden. Die Verbreitung geschieht überwiegen vegetativ. Sporen bilden sich bei uns nur in ausgesprochen warmen Jahren. Die Keimbedingungen sind besonders auf Brandflächen besonders günstig. Die ausgedehnten Rhizome dienen sowohl der Ausbreitung als auch der Speicherung von Wasser- und Reservestoffen. Sie können selbst im Winter langsam wachsen, solange der Boden nicht gefroren ist. Alle diese Eigenschaften bewirken eine enorme Konkurrenzkraft des Adlerfarns.

Die Heidelbeere

Sie kommt in artenarmen Laub- und Nadelwäldern, überwiegend in Gebirgsfichtenwäldern sowie in Mooren und Bergheiden vor. Mäßig frische, arme, sauer-humose Standorte (Rohhumuszehrer) sagen ihr besonders zu. Wegen der Spätfrostempfindlichkeit ist Halbschatten am günstigsten. Im Gebirge kommt die Heidelbeere bis zur Baumgrenze vor.

Im Vergleich zum Adlerfarn verträgt die Heidelbeere etwas mehr Schatten und dringt in den Bereich der stark sauren Böden vor. Außerdem reicht die Verbreitung weiter in den kontinentalen Klimabereich. Bei zusagenden Bedingungen kann sowohl die Heidelbeere als auch der Adlerfarn dichte Bestände bilden, in denen keine andere Art konkurrenzfähig ist.

Der Vergleich der ökologischen Ansprüche beider Arten zeigt, dass sie in großen Bereichen miteinander konkurrieren. Im Verbreitungsgebiet des Auerwildes sind dies vor allem lichte Kiefernwälder an Sommerhängen und verlichtete Tannenmischwälder auf Podsolen und Rohböden.

Zusammenfassung

Bisherige Untersuchungen zur Ökologie des Adlerfarns beschränken sich meist auf Vorkommen außerhalb des Waldes (Heiden, Weidefelder, Reutberge). Im Wald ist die Konkurrenzkraft des Adlerfarns wesentlich vom Kronenschluss des Baum-Bestandes abhängig. Bei Durchforstungseingriffen auf Standorten wo der Adlerfarn bereits vorkommt, muss deshalb vorsichtig vorgegangen werden. Außerdem ist noch nicht untersucht, wie sich der Stickstoff- und Säureeintrag aus der Atmosphäre auf die Konkurrenzkraft von Adlerfarn oder Gräsern gegenüber der Heidelbeere auswirkt. Allerdings weisen die beobachteten Veränderungen, wie sie z. B. aus der Sächsischen Schweiz berichtet werden, darauf hin, dass sich Adlerfarn und Drahtschmiele stark ausbreiten, wodurch Heidelbeere und Preiselbeere zurückgedrängt werden.

Untersuchungen zum Nestraub in einem Auerwildgebiet

Einleitung und Methode

Im Auswilderungsgebiet wurde von 1985 bis 1988 ein Versuch mit Kunstgelegen durchgeführt. Es wurde nach einer beschriebenen Methode verfahren. Das Ziel des Versuchs war einerseits, einen Hinweis auf den möglichen Einfluss von Fuchs, Marder und Eichelhäher beim Nestraub zu bekommen und andererseits die Auswirkungen eines Schwarzwildbestandes im geschlossenen Waldgebiet der montanen Zone zu erkunden. Deshalb wurden auch Kunstgelege im Einstand des Schwarzwildes angelegt.

Von den 40 ausgelegten Nestern wurden im Versuchszeitraum zwölf Stück (30%) zerstört. In den einzelnen Jahren variierten die Nestverluste stark von 10% bis zu 40%. Die Nester waren auf Bestände verschiedenen Alters verteilt. Die geringsten Verluste traten in Baumhölzern auf, wogegen in Dickungen und Stangenhölzern überdurchschnittlich viele Nester geplündert waren. 75% der Verluste waren auf Fuchs und Marder zurückzuführen. In den einzelnen Jahren war der Einfluss verschiedener Beutegreifer recht unterschiedlich. Ein Gelege wurde durch einen Eichelhäher, eines durch einen

Nager (nur teilweise) und ein weiteres durch Schwarzwild zerstört. In der Umgebung von drei Nestern hatte eine Rotte Sauen frisch gebrochen, das Nest aber nicht zerstört.

Schwarzwild dürfte bei der derzeitigen Dichte kaum eine Rolle als Nesträuber spielen. Im reinen nadelholzreichen Waldrevier ist durch das Fehlen einer guten Mast oder von erreichbaren Feldern die Gefahr einer verstärkten Vermehrung nicht gegeben, vorausgesetzt es wird nicht systematisch gefüttert.

Anders ist die Situation dort, wo geschlossene Wälder an stärker besiedeltes Gebiet angrenzen und das Schwarzwild vom Getreideanbau profitiert.

Stimmt das wirklich, fragt sich Reinecke Fuchs? Auerwild steht auf seiner Speisekarte, wenn er welches bekommt.

Das Kirrverbot für Schwarzwild in den Höhenlagen über 800 Meter hat nichts gebracht, die Sauen haben sich erfolgreich etabliert, natürliche Nahrung gibt es in Hülle und Fülle.

Der einzige Regulativ neben dem Menschen ist der Winter, ist dieser lang und kalt mit Schnee und Frost, dann haben es auch die Sauen schwer, besonders die Frischlinge.

Wir kennen es ja, wieder muss eine neue Verordnung her, Auerhuhn relevante Flächen sollen nun dem Auerwild das Überleben sichern, dort wo es noch nie Auerwild gegeben hat könnte sich dieses ja wieder ansiedeln. Die Jagdpächter im Land haben es noch gar nicht richtig bemerkt, wie ihnen das Jagdrecht von einigen Leuten wieder beschnitten wird. Eine Minderheit bestimmt über die Mehrheit, wir kennen es ja in der sogenannten Demokratie.

Schlusswort

Nun ist sie vorbei, unsere Reise durch die Zeit.
Die Berge von Akten, die ich im Zuge der Manuskriptfassung gesichtet habe, liegen wieder in den staubigen Archiven und einige der Zeitzeugen, die viel zu dem Entstehen dieser Chronik beigetragen haben, leben nicht mehr. Manches konnte vor dem Vergessen niedergeschrieben werden und ein Stück längst vergangener Zeit neu beleuchten.

Das heißt aber nicht, dass diese Chronik nicht vielleicht eines Tages von jemandem weiter geschrieben wird, wenn der Verfasser dieser Chronik schon längst nicht mehr lebt.

Mögen der oder dem Tüchtigen Glück und Mut zur Seite stehen, wenn sie oder er das Beste gibt, auf der mühevollen Suche nach der Wahrheit und mögen sie dann erzählt werden, die vielen neuen Geschichten von Auerhahnen, Rehböcken und natürlich den Kronenhirschen hier im Nördlichen Schwarzwald.

Peter Matjasic
Kegeltal, Sommer 2010

Quellen

Stadtarchiv Bad Wildbad
Aktenbestände des Bürgermeisteramtes
Aktenbestände des Forstamts Wildbad
Aktenbestände des Forstamts Enzklösterle
Akten des Württ. Oberamt Neuenbürg
Akten des Strafregisters der Staatsanwaltschaft Tübingen
Akten des Forstamts Meistern
Akten des Forstamts Calmbach

Kreisarchiv Landkreis Calw
Aktenbestände Jagd und Fischerei
Aktenbestände Kreisjagdamt
Akten des Strafregisters der Staatsanwaltschaft Tübingen
Akten des Strafregisters der Staatsanwaltschaft Stuttgart

Kreisarchiv Landkreis Freudenstadt
Aktenbestände Jagd und Fischerei
Aktenbestände Kreisjagdamt
Aktenbestände Forstamt Klosterreichenbach
Aktenbestände Forstamt Freudenstadt
Akten des Strafregisters der Staatsanwaltschaft Tübingen

Hauptstaatsarchiv Stuttgart
Aktenbestände Wildanfall Württemberg und Preußen
Aktenbestände der Staatsanwaltschaften

Staatsarchiv Sigmaringen
Aktenbestände Forstämter Württemberg

Staatsarchiv Freiburg
Personalakte Walter Frevert
Aktenbestände Forstämter Baden
Aktenbestände der Forstdirektion Freiburg

Generallandesarchiv Karlsruhe
Aktenbestände der Forstämter Badens
Aktenbestände der Forstämter Württembergs
Aktenbestände der Staatsanwaltschaft Baden-Baden
Aktenbestände der Forstdirektion Karlsruhe
Aktenbestände der Großherzoglichen Hofjagden
Aktenbestände des Badischen Ministeriums für Landwirtschaft und Ernährung

SWR Archiv

Bildnachweise

powerd by

Medved-foto

Karl Blumenthal	Seite 8, 19, 21
Fritz Klink	Seite 7, 8, 34,
Herbert Schilling	Seite 9, 16, 25, 28, 33, 38, 40, 53, 54, 55, 61, 68, 72, 79, 84, 87, 88, 90, 93, 106, 135, 197, 260
Richard Lipowitz	Seite 42, 71, 81, 86, 94, 96, 97, 104, 108, 113, 156, 165, 169, 173, 188, 256, 257
Klaus Ehlebracht	Seite 29, 45, 59, 178, 181, 187, 194,
Michael Wieland	Seite 121, 129, 131, 138, 139, 140, 141, 145, 149
Erich Riexinger	Seite 35
Kurt Kalfass	Seite 158, 191, 198,
Florian Sackmann	Seite 228

alle anderen Fotos sind aus dem Bildarchiv des Autors.